智能家居

商业模式+案例分析+应用实战

陈国嘉 著

人民邮电出版社
北京

图书在版编目（CIP）数据

智能家居 : 商业模式+案例分析+应用实战 / 陈国嘉著. -- 北京 : 人民邮电出版社, 2016.5
ISBN 978-7-115-41921-7

Ⅰ. ①智… Ⅱ. ①陈… Ⅲ. ①住宅一智能化建筑一研究 Ⅳ. ①TU241

中国版本图书馆CIP数据核字(2016)第053208号

内 容 提 要

作为万物互联的关键一环，智能家居的出现和普及已经势不可当，以移动互联网为核心的新技术正在重构智能家居。只有成为智能家居行业的先行者，才能抢占“风口”。

本书紧扣“智能家居”，从3个方面进行专业、深层次的讲解。第一个方面是基础篇，从智能家居的发展现状、产业链、商业分析、品牌缔造、抢占入口等方面进行阐述，让读者对智能家居有个初步的认识；第二个方面是技术篇，从智能家居的控制技术、信息技术、通信技术和智能系统设计等方面进行讲解，加深了读者对智能家居的了解；第三个方面是应用篇，讲解各类优秀的智能单品及智能家电。

本书结构清晰、逻辑严谨、知识全面、实战性强，适合智能家居领域的从业者，以及大中专院校相关专业的师生阅读参考。

◆ 著　　　陈国嘉
责任编辑　恭竟平
责任印制　周昇亮

◆ 人民邮电出版社出版发行　　北京市丰台区成寿寺路 11 号
邮编　100164　　电子邮件　315@ptpress.com.cn
网址　https://www.ptpress.com.cn
涿州市般润文化传播有限公司印刷

◆ 开本：700×1000　1/16
印张：15　　　　　2016 年 5 月第 1 版
字数：281 千字　　　2025 年 1 月河北第 27 次印刷

定价：49.80 元

读者服务热线：(010)81055296　印装质量热线：(010)81055316
反盗版热线：(010)81055315
广告经营许可证：京东市监广登字 20170147 号

前言

写作驱动

无论你是即将进军智能家居行业的创业者，还是智能家居相关领域的从业人士，都在面临着巨大的挑战和商机。

本书紧扣“智能家居”，从 3 个方面进行了专业、深层次的讲解，第一个方面是基础篇，从智能家居的发展现状、产业链、商业分析、品牌缔造、抢占入口等方面进行了阐述，让读者对智能家居有了初步的了解；第二个方面是技术篇，从智能家居的控制技术、信息技术、通信技术和智能系统设计等方面进行了讲解，加深了读者对智能家居的了解；第三个方面是应用篇，讲解了各类优秀的智能单品及智能家电。

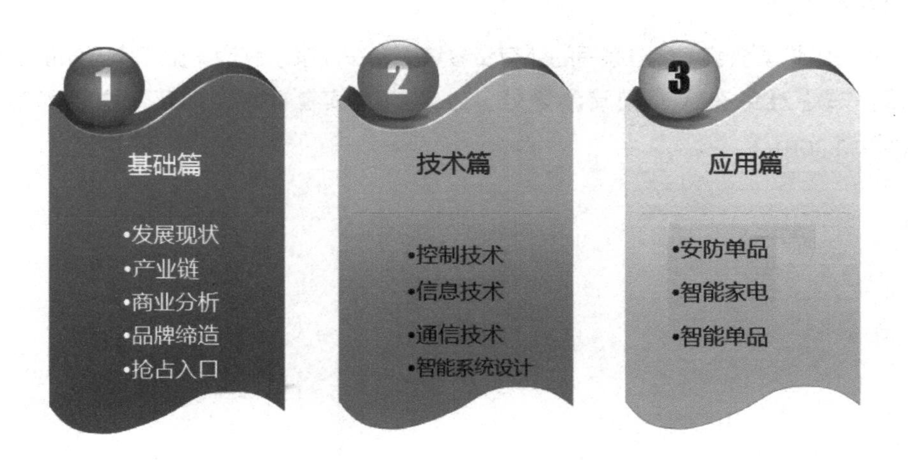

本书特色

一是接地气，实用为主、应用性强，对 BAT、小米、360、格力、海尔、海信、乐视、美的等家居和电器巨头进行了针对性的分析。

二是容易懂，内容全面、涵盖众多，对智能家居的发展趋势、市场格局、商业模式、生态圈等进行了详细的讲解。

本书内容

本书共分为 16 章，具体章节内容包括：“先行了解，国内外发展现状”“亲密接触，感知智能家居”“核心价值，大话智能家居产业链”“商业机遇，智能家居背后的商业论”“品牌缔造，国内外巨头的发展”“入口抢占，得入口者得天下”“智能控制，机器自主驱动的利器”“技术联盟，智能控制技术方式扩展”“三大关键技术，智能化的应用”“多媒体技术，计算机交互与操控”“通信技术，影响智能家居速度”“系统设计，智能家居功能应用”“智能安防，家居第一防线”“安防单品，让生活更安全”“智能家电，让生活更简单舒适”“智能单品，处处不一样的精彩”。

作者售后

本书由陈国嘉著，参与编写的还有贺琴等人，在此表示感谢。由于作者知识水平有限，书中难免有错误和疏漏之处，恳请广大读者批评、指正，联系邮箱：itsir@qq.com。

目录 Contents

第9章 三大关键技术，智能化的应用

第10章 多媒体技术，计算机交互与操控

第11章 通信技术，影响智能家居速度

第 1 章

先行了解，国内外发展现状

曾几何时，智能家居只是一个遥不可及、人们想象中的概念，但是随着科技的发展和人们生活水平的提高，智能家居快速发展起来，并逐渐渗透到人们的生活中。本章笔者将为大家介绍智能家居国内外的发展现状。

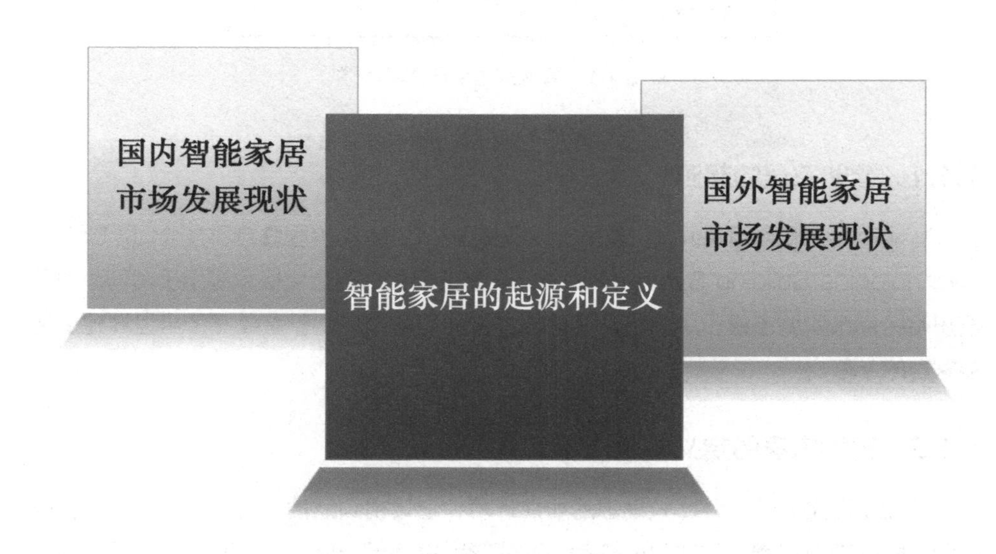

1.1 智能家居的起源和定义

智能家居是在物联网影响下的物联化体现。与普通的家居相比，智能家居不仅具有传统的居住功能，还有网络通信、信息家电、设备自动化等功能，是集系统、结构、服务、管理于一体的高效、舒适、安全、环保的居住环境。它在为人们提供全方位信息交互功能的同时，还能帮助家庭与外部保持信息的交流畅通；既增强了人们家居生活的时尚性、安全性和舒适性，还为各种能源费用节约了资金。图 1-1 所示为智能家居系统简单阐述。

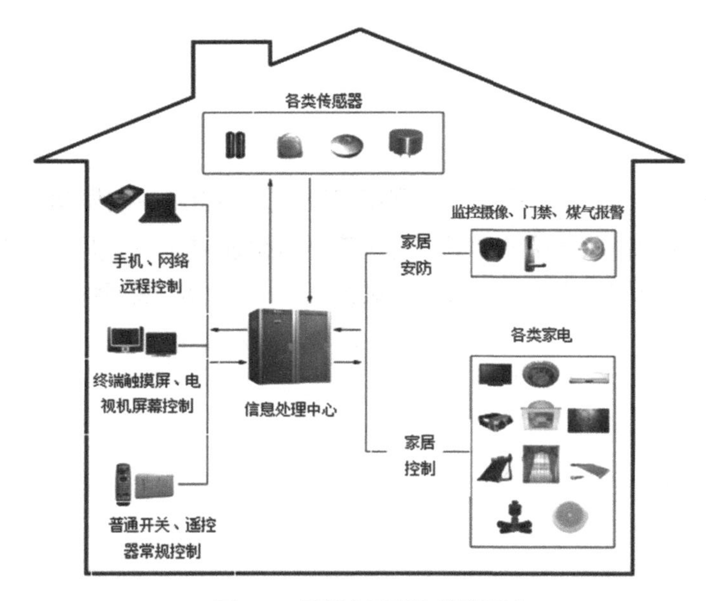

▲ 图 1-1　智能家居系统简单阐述

1.1.1 智能家居的起源

智能家居的概念起源很早，最早出现于美国，1984 年美国联合科技公司（United Technologies Building System）将建筑设备信息化、整合化概念应用于美国康涅狄格州哈特佛市的城市建设中，出现了首栋“智能型建筑”，于是揭开了全世界建造智能家居的序幕。

1.1.2 智能家居的定义

智能家居是人们一种比较理想的居住环境，它集视频监控、智能防盗报警、智能照明、智能电器控制、智能门窗控制、智能影音控制于一体，与配套的软件相结合，人们通过平板电脑、平板手机、智能手机和笔记本电脑，不仅可以远程观看家里的监控画面，还可以实时控制家里的灯光、窗帘、电器等。

智能家居通常都是以住宅为平台，利用综合布线技术、网络通信技术、智能家居系统设计方案安全防范技术、自动控制技术、音视频技术将有关设施集成后，构建高效的住宅设施与家庭日常事务的管理系统，从而提升家居生活的安全性、舒适性、便利性、高效性和环保性。

在国外，常用 Smart Home 表示智能家居。智能家居通过物联网技术将家中的各种设备，如音视频设备、照明系统、窗帘控制、安防系统、空调控制、数字影院系统、网络家电以及三表抄送等连接到一起，提供各种智能操控等多种功能和手段，常见的智能操控手段有家电控制、照明控制、窗帘控制、电话远程控制、室内外遥控、防盗报警、环境监测、暖通控制、红外转发以及可编程定时控制等。图 1-2 所示为各智能设备协同工作原理图。

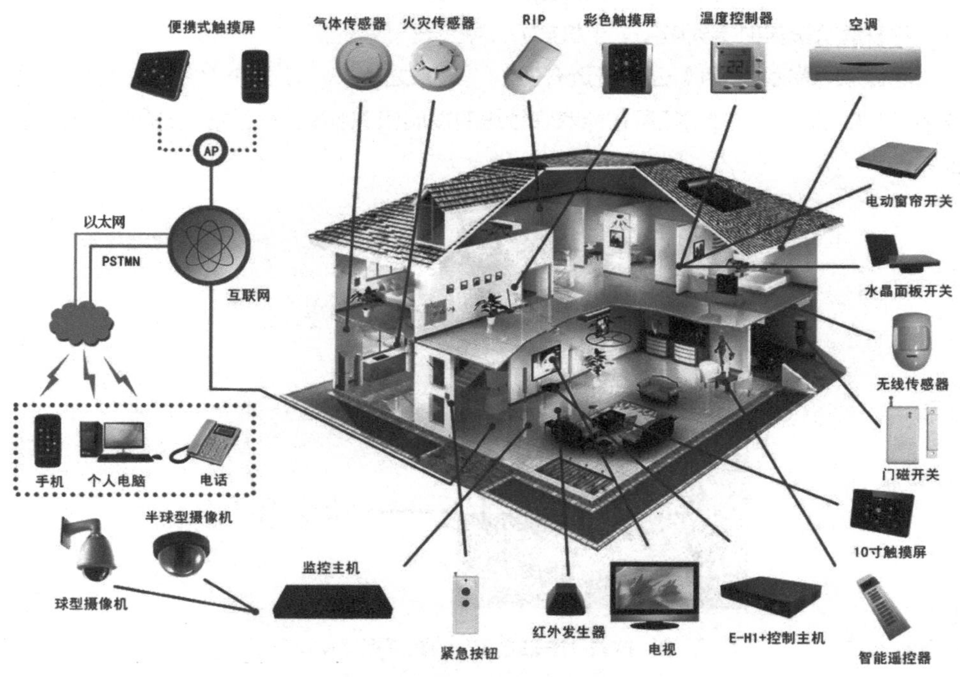

▲ 图 1-2　智能设备协同工作原理图

1.2　国外智能家居市场发展现状

自从世界上第一栋智能建筑于 1984 年在美国出现后，美国、加拿大、欧洲、澳大利亚和东南亚等一些经济比较发达的国家先后提出了各种智能家居的方案。美国和一些欧洲国家在这方面的研究一直处于世界领先地位，日本、韩国、新加坡也紧随其后。

1995 年，美国家庭已使用先进家庭自动化设备的比率为 0.33%；1998 年，新加坡举办的“98 亚洲家庭电器与电子消费品国际展览会”上现场模拟“未来之家”，推出了新加坡模式的家庭智能化系统；日本的智能化系统也比较发达，除了实现室内的家用电器自动化联网之外，还通过生物认证实现了自动门识别系统；而澳大利亚智能家居的特点则是让房屋做到百分之百的自动化，且不会看到任何手动的开关；韩国电信用 4A 来描述他们的数字化家庭系统（HDS）的特征，即 Any Device，Any Service，Any Where，Any Time，以此表示他们的智能系统能让主人在任何时间、任何地点操作家里的任何用具、获得任何服务；韩国还有一种叫作 NetSpot 的家庭安全系统，主要功能是“控制与防止”，在有线与无线网络结合的基础上，让人们不论是在家还是在外，都可通过微型监视摄像头、安装在门上的传感器、煤气泄漏探测器等，将家庭状况实时传到电脑、手机或 PDA 上。

而微软（Microsoft）公司最近开发的“未来之家”，如图 1-3 所示。IBM 公司联手 ST 和 Shaspa 共同拓展智能家庭领域的发展和 NetSpot 公司开发的家庭安全系统等。

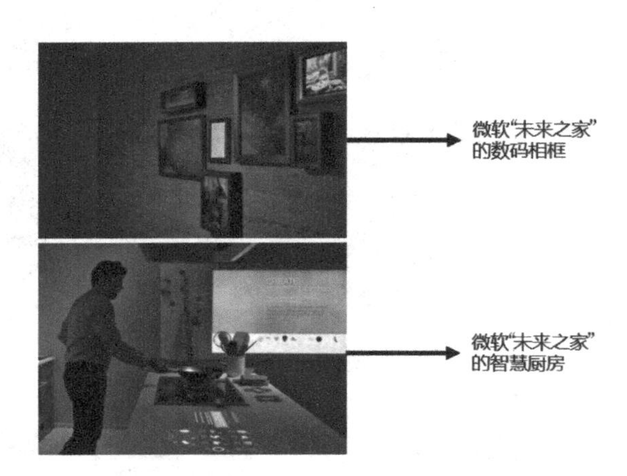

▲ 图 1-3　微软“未来之家”的数码相框及智慧厨房

各大运营商和互联网企业推出的智能家居产品、系统，主要有以下几种形式。

1.2.1　运营商整合后捆绑自有业务

国外的运营商经过资源整合后，就会产生自有业务，推出自己的业务平台、智能设备以及智能家居系统。目前，德国电信、三星、德国海格家电等都构建了智能家居业务平台。有些公司如 Verizon 则推出了自己的智能化产品，还有些公司通过把智能家居系统打造成一个中枢设备接口，整合各项服务来实现远程控制等。自有业务主要有以下几个代表。

1. Qivicon 智能家庭业务平台

德国电信联合德国公用事业、德国意昂电力集团（Eon）、德国 eQ-3 电子、德国梅格家电、三星（Samsung）、Tado（德国智能恒温器创业公司）、欧蒙特智能家电（Urmet）等公司共同构建了一个智能家庭业务平台“Qivicon”，主要提供后端解决方案，包括向用户提供智能家庭终端，向企业提供应用集成软件开发、维护平台等。

目前，Qivicon 平台的服务已覆盖了家庭宽带、娱乐、消费和各类电子电器应用等多个领域。德国信息、通信及媒体市场研究机构报告显示，目前德国智能家居的年营业额已达到 200 亿欧元，每年在以两位数的速度增长，而且智能家居至少能节省 20% 的能源。Qivicon 平台的服务一方面有利于德国电信捆绑用户，另一方面可提升合作企业的运行效率。

德国联邦交通、建设与城市发展部专家雷·奈勒（Ray Naylor）说:“在 2050 年前，德国将全面实施智能家居计划，将有越来越多的家庭拥有智能小家。”良好的市场环境，为德国电信开拓市场提供了有利条件。

2. Verizion 打包销售智能设备

Verizion 通过提供多样化服务捆绑用户，打包销售智能设备。

2012 年，Verizion 公司推出了自己的智能家居产品。该产品专注于远程家庭监控及能源使用管理，可以通过电脑或手机等调节家庭温度、远程查看家里情况、激活摄像头、远程锁定或解锁车门、远程开启或关闭电灯和电器等。

3. AT&T 收购关联企业

2010 年，AT&T 收购家庭自动化创业公司 Xanboo；2013 年，AT&T 联合思科、高通公司推出全数字无线家庭网络监视业务，用户可以通过手机、平板电脑或者 PC（台式电脑）来实现远程监视和控制家居设备；2014 年，AT&T 以 671 亿美元收购了美国卫星电视服务运营商 DirecTV，加速了在互联网电视服务领域的布局。

AT&T 的发展策略是将智能家居系统打造成一个中枢设备接口，既独立于各项服务，又可以整合这些服务。

1.2.2 终端企业发挥优势力推平台化运作

目前市场上已出现了完全基于 TCP/IP 的家居智能终端，这些智能终端完全实现了原来多个独立系统完成功能的集成，并在此基础上增加了一些新的功能。而开发这些智能终端的企业就称为终端企业，其中，苹果 iOS 和三星属于翘首，它们在智能终端的开疆拓土，让更多的企业应用普及和深入参与业务成为可能。而智能终端作为移动应用的主要载体，数量的增长和性能的提高让移动应用发挥更广泛的功能成为可能。终端企业发挥产品优势力推平台化运作的，主要有以下几个代表。

1. 苹果 iOS 操作系统

苹果依托 iOS 操作系统，通过与智能家居设备厂商的合作，实现智能家居产品平台化运作。

2014 年 6 月，苹果在全球开发者大会上发布了 Home Kit 平台，如图 1-4 所示。

Home Kit 平台是 iOS8 的一部分，用户可以用 Siri 语音功能控制和管理家中的智能门锁、恒温器、烟雾探测器、智能家电等设备。

不过，苹果公司没有智能家居硬件；所有硬件都是第三方合作公司提供的，合作公司包括 iDevices、Marvel、PHILIPS（飞利浦）等。这些厂商在 iOS 操作系统上可以互动协作，各自的家居硬件之间可以直接对接；同时，Home Kit 平台会开放数据接口给开发者，以利于智能家居的创新。

苹果公司的举措有望让苹果的智能设备成为智能家居的遥控器，进而提高苹果终端的市场竞争力。

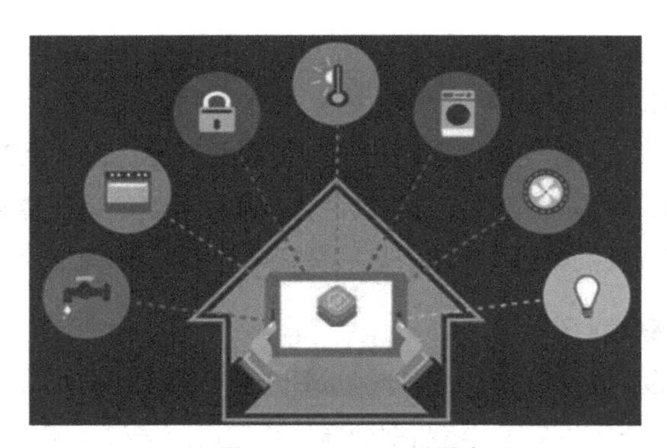

▲ 图 1-4　Home Kit 平台

2. 三星 Smart Home 智能家居平台

2014 年，三星推出了 Smart Home 智能家居平台，如图 1-5 所示。

利用三星 Smart Home 智能家居平台，智能手机、平板电脑、智能手表、智能电视等都可以通过网络连接并控制智能家居。

但是，目前三星构建的 Smart Home 智能家居平台还处于较低水平；而且三星构建 Smart Home 智能家居平台，主要还是为了推广自家的家电产品。

▲ 图 1-5　三星 Smart Home 智能家居平台

1.2.3　互联网企业加速布局

2014 年 1 月，谷歌以 32 亿美元收购了智能家居设备制造商 Nest。这一举措不仅让 Nest 名声大噪，也引发了业界对智能家居的高度关注。

Nest 的主要产品是自动恒温器和烟雾报警器，如图 1-6 和图 1-7 所示。但 Nest 并不仅仅做这两个产品，还做了一个智能家居平台。

▲ 图 1-6　Nest 自动恒温器

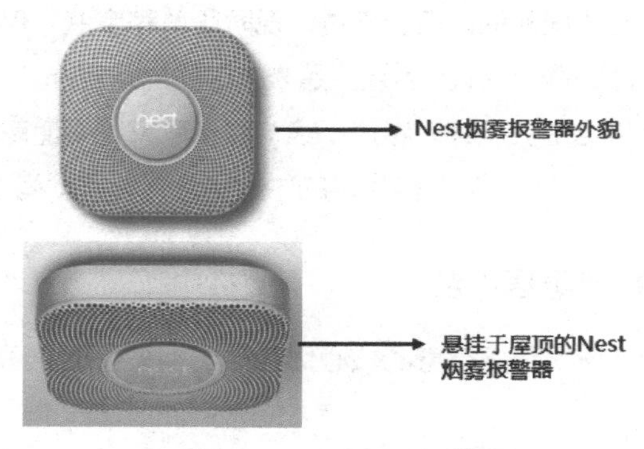

▲ 图 1-7　Nest 烟雾报警器

在 Nest 智能家居平台上，开发者可以利用 Nest 的硬件和算法，通过 Nest API 将 Nest 产品与其他品牌的智能家居产品连接在一起，进而实现对家居产品的智能化控制。Nest 支持 Control4 智能家居自动化系统，用户可以通过 Control4 的智能设备和遥控器等操作 Nest 的设备。另外，Nest 还收购了家庭监控摄像头制造商 Dropcam。

由此，谷歌自身海量数据的优势加上 Nest 生产数据的优势，就可能使数据被细化，从而提升用户的智能家居体验。

1.3　国内智能家居市场发展现状

随着智能家居概念的普及、技术的发展和资本的涌进，国内家电厂商、互联网公司也纷纷登陆智能家居领域。

国内各大运营商和互联网企业中拥有硬科技实力的科技巨头具备更明显的优势和发展潜力。

1.3.1　布局缓慢，重量级产品鲜少

国内运营商智能家居方面的发展程度相较于国外运营商，布局略显迟缓。

1. 仍处于产品的初级阶段

目前，中国移动推出了灵犀语音助手 3.0，可以用语音实现对智能家居的操控；中国电信也推出了智能家居产品“悦 me”，可以为用户提供家庭信息化服务综合解决方案。

2. 平台化运作模式还未成型

中国移动推出了“和家庭”，“和家庭”是面向家庭客户提供视频娱乐、智能家居、健康、教育等一系列产品服务的平台，而“魔百盒”是打造“和家庭”智能家居解决方案的核心设备和一站式服务的入口。不过，现阶段“和家庭”仅重点推广互联网电视应用，至于“和家庭”的一站式服务还只是未来的方向及目标。

中国电信宣布了与电视机厂家、芯片厂家、终端厂家、渠道商和应用提供商等共同发起成立智能家居产业联盟，但智能家居的中控平台何时落地尚不可知。

1.3.2　企业打造智能家居平台

国内的互联网企业纷纷依托自身的核心优势推出相关智能家居产品，并规划智能家居市场。

1. 阿里巴巴依靠自有操作系统

2014 年，在中国移动全球合作伙伴大会上，阿里巴巴集团的智能客厅亮相展会。

阿里巴巴的智能客厅是由阿里巴巴的自有操作系统阿里云 OS（YunOS）联合各大智能家居厂商，共同打造的智能家居环境，内容包括阿里云智能电视、天猫魔盒、智能空调、智能热水器等众多智能家居设备。

2015 年，目前国内家电行业规格最高的大型综合性展会——中国家电博览会召开之后，4 月 2 日阿里宣布成立阿里巴巴智能生活事业部，全面进军智能生活领域，将集团旗下的天猫电器城、阿里智能云、淘宝众筹 3 个业务部门加以整合，在内部调动各类资源，大力支持智能产品的推进，加速智能硬件孵化，力争提高市场竞争力。

其中，智能云负责为厂商提供有关技术和云端服务；天猫电器城主要为知名大厂家提供“规模化”的市场销售渠道；而淘宝众筹主要是为中小厂商甚至创业者提供“个性化”的市场销售渠道。阿里巴巴智能生活事业部集成电商销售资源、云端数据服务和内容平台，旨在打通全产业链。

阿里在智能家居方面，与海尔联合推出了海尔阿里电视，主打电视购物的概念，如图 1-8 所示。海尔与阿里本次合作的成果是在互联网思维下对家居生态圈的战略布局。此外国美也加入进来，其 1000 多家超级连锁店将为用户线下体验新品提供最佳场所，共同推进了最大 O2O 战略联盟的落地。

▲ 图 1-8　海尔阿里电视

2. 京东、腾讯、百度利用自身平台优势

京东打造的智能硬件管理平台“京东”云服务包含 4 大板块：智能家居、健康生活、汽车服务和云空间，各个板块的产品都可以通过京东的超级 APP 来实现统一管理。

腾讯构建的是一个 QQ 物联社交智能硬件开放平台，主要是利用 QQ、微信、应用宝这些软件的大量用户资源，将第三方硬件快速覆盖到用户，向用户分发软件、产品及营销。图 1-9 所示为 QQ 物联平台系统解决方案。

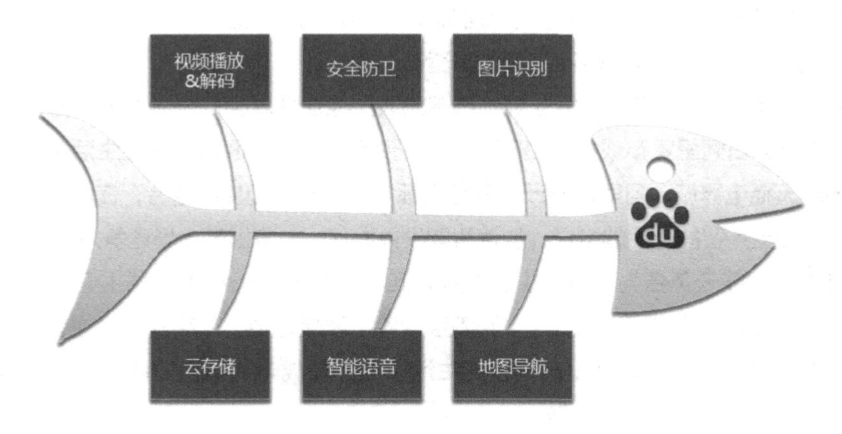

▲ 图 1-9　QQ 物联平台系统解决方案

百度推出的百度智能互联开放平台——百度智家，涵盖了路由器、智能插座、体重秤等智能家居设备，可以为用户提供智能家居设备的互联互通，如图 1-10 所示。

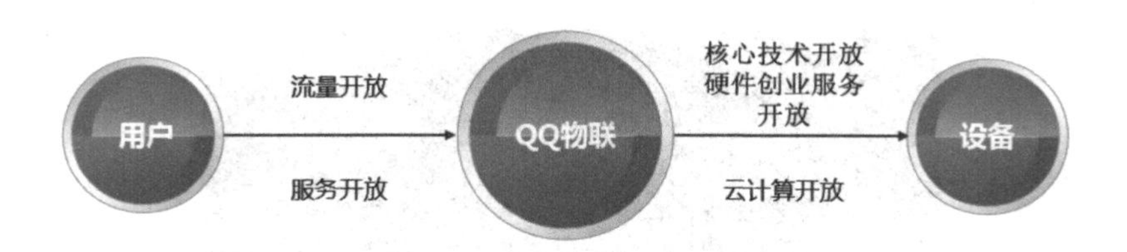

▲ 图 1-10　百度智家

1.3.3　传统家居业推出各类产品

传统家居制造企业也不甘落后，纷纷推出了自己品牌的智能家居产品。比如，海尔推出的“海尔 U-home”智慧居，图 1-11 所示为智慧居别墅智能系统；美的推出的空气、营养、水健康、能源安防 4 大智慧家居管家系统；长虹推出的 CHiQ 系列产品；TCL 与 360 合推的智能空气净化器等。

而且，传统家居制造企业开始与互联网企业联手，合力布局智能家居市场。比如，美的与小米签署了战略合作协议、TCL 与京东开启了首款定制空调的预约、长虹推进与互联网企业合作的业务、阿里巴巴入股海尔电器公司等。

可见，未来传统企业与互联网企业相结合会成为一种必然趋势，如何保持双方的利益对等则会成为摆在两者之间的一个重要课题。

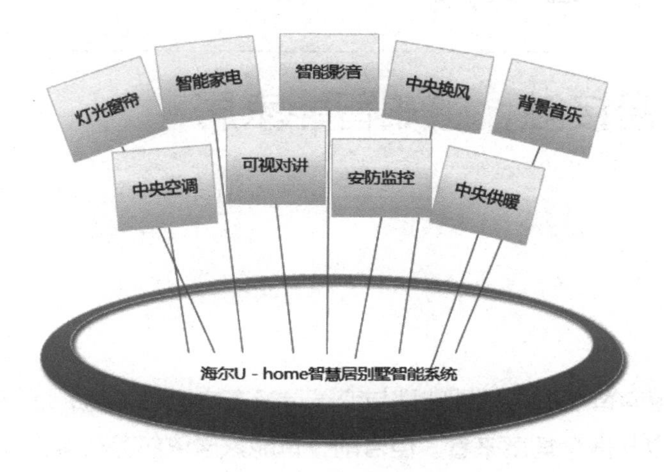

▲ 图 1-11 海尔 U-home

第 2 章

亲密接触，感知智能家居

传统家电向智能家居领域转型与变革具备多方面的优势，而智能家居的演变历程也可以从多个角度来看。但目前，智能家居依然存在着诸多痛点问题。本章笔者将为大家介绍智能家居的演变历程、传统家电变革的优势和智能家居的痛点问题。

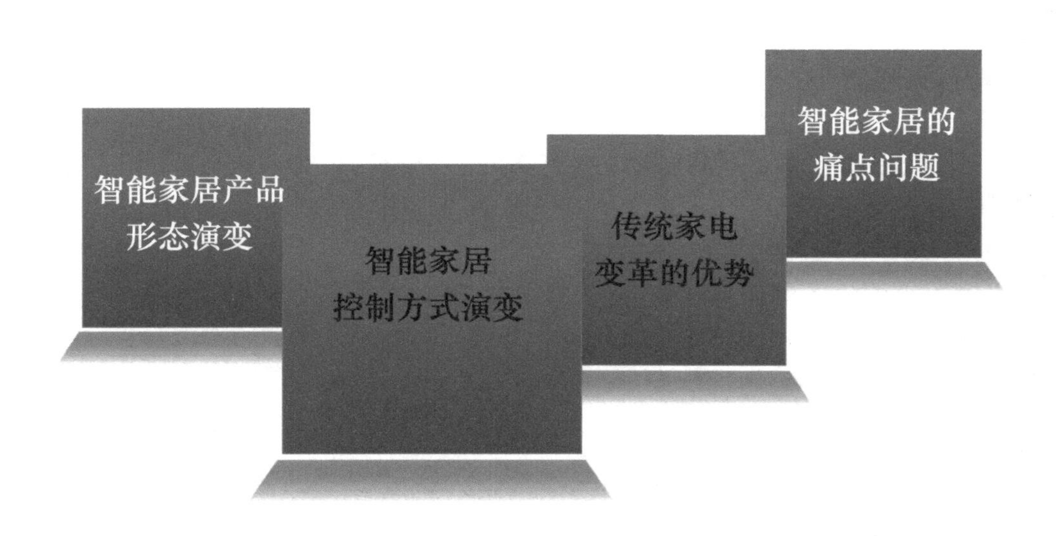

2.1 智能家居产品形态演变

任何事物的发展都要经历从小到大、从简单到复杂的过程，智能家居的发展同样如此。虽然智能家居在国内发展已数十年，但人们对其发展现状依然评价不一。有人认为中国智能家居发展形势大好，未来前途不可限量；也有人认为中国目前的智能家居发展还很不成熟，依旧存在很多“痛点”问题，尤其是真正合格的产品少之又少。

然而，对于智能家居将会逐渐取代传统用品而渗透进人们的家居生活中这一点，几乎没人表示怀疑。而随着闯入智能家居市场的企业越来越多，行业的竞争也愈演愈烈，智能家居在产品形态方面的演变轨迹得以慢慢清晰。从产品形态来看，智能家居的发展可以分为智能单品、不同产品联动和智能系统集成 3 个阶段。

2.1.1 智能单品

智能家居未来的庞大市场，吸引了很多商家义无反顾地涌入这股潮流中。智能家居涉及计算机、无线网络、物联网、云计算等多种技术，其中物联网技术是最主要的技术。利用物联网技术将各种家居设备连接在一起，才能构筑舒适、安全、高效的家居生活。

在这种情况下，企业如果想要进军智能家居业，就必须找到一个合适的切入点，而智能单品就是最初大部分企业的选择入口。一般而言，传统家电企业如海尔、美的以及国外的 LG 等就是以智能冰箱、智能空调、智能洗衣机等家电用品夺人眼球，而互联网企业以及一些创业公司诸如百度、小米、乐视等则是以路由器、电视盒子、摄像头等智能产品先声夺人。

2.1.2 不同产品联动

智能家居发展的第二阶段，便是智能产品之间的联动。这种联动首先表现在不同类产品之间信息的互通共享上，比如合作的企业将某种产品的算法嵌入另一种硬件设备后，用户可以在产品的平台上查看另一产品的数据，有的还能直接和朋友进行 PK；还有的企业是通过搭建小规模生态系统，在自家公司内部的不同产品之间进行联动。

2.1.3 智能系统集成

智能家居发展的第三阶段是品牌的不同类产品之间的融合和交互。综观全球诸多知名企业，都是在创建自己的品牌、维护自己的品牌形象。智能家居是一个平台，同时也是一个系统，是各种家居设备的集成化。所以从严格意义上讲，若只停留在碎片化的智能单品上，企业很难进一步打开智能家居的价值产业链，于是系统智能化就被激发出来了。

什么是系统智能化？即产品与产品之间的互通互融不再需要人为干涉，而能自主地进行各种行为。例如抽油烟机发现油烟量太大，不能全部吸收，就立马通知净化器，净化器便做好准备开始吸收 PM2.5 并除味。目前，已有部分智能家居公司在做智能家居控制系统，且以智能家居传感器和控制器作为主要产品，通过智能手机或平板电脑来控制与无线网关相连接的家居设备，其功能如图 2-1 所示。

▲ 图 2-1　智能家居控制系统的功能

而少数起步较早、发展较好的公司，其产品可以让用户根据自身需求，自主定义场景设置，不仅节能环保和节省时间，还十分人性化以及个性化。除此之外，一些传统家电商也开始了向系统集成转型，如海尔打造的智慧生活，是基于 U+ 智慧家庭互联平台、U+ 云服务平台以及 U+ 大数据分析平台技术的一个操作系统。这套智慧生活操作系统让用户家庭里的各类家电、灯光、窗帘以及安防等系列的家居设备，都可实现跨品牌、跨产品的互联互通。

2.2　智能家居控制方式演变

从智能家居的控制方式来看，其发展可以分为手机控制、多种控制方式结合、感应式控制、系统自制控制 4 个阶段，如图 2-2 所示。

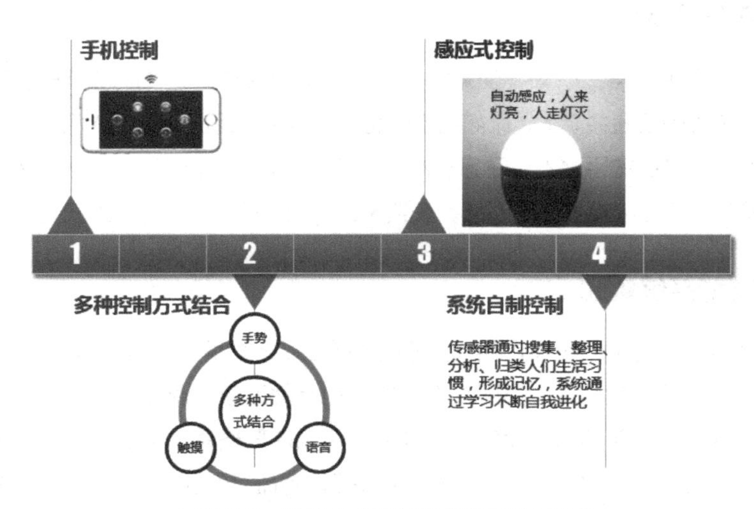

▲ 图 2-2　控制方式折射智能家居发展阶段

2.2.1 手机控制

一开始，智能家居是通过智能手机进行控制的。智能手机需要通过专门的软件远程操控智能家居系统，当家居设备增加手机控制功能后，即使主人不在家也能实施控制。然而现在市场上大部分智能家居产品还没有统一的行业标准，所以相应的软件系统品质也参差不齐；而且其最大的缺点是，一旦手机丢失，家中的一些智能设备就无法正常工作。目前，很多软件只能控制一款智能家居设备，若家中拥有多款智能家居设备，则需要安装大量的操作软件系统。这样不仅占用了用户手机中的大量内存，还无法在智能家居产品之间形成有效的联动协作。

2.2.2 多种控制方式结合

在最简单的手机远程控制之后，多种控制方式相结合的方式便诞生了。多种控制方式被融合后用于智能家居设备的控制，也就是说一个智能产品能够接受多种控制方式，比如既能用手机控制，也能用语音、手势等控制。常见的智能家电与其对应的控制方式如图 2-3 所示。

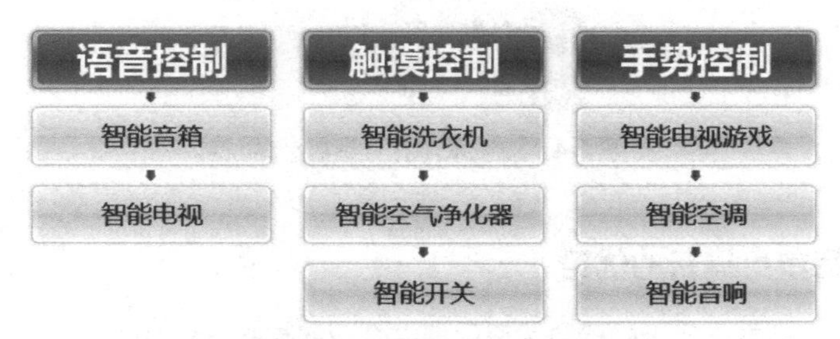

▲ 图 2-3 常见的智能家电与对应的控制方式

2.2.3 感应式控制

以上两种控制方式都是需要人为干涉的，而感应式控制是不需要人为手动控制的。当智能家居发展到一定阶段时，就能够自动感应用户或周遭环境的状态，然后对设备进行调整。目前，市面上的感应设备有感应灯、感应节水器、感应门、感应冲水马桶、感应洗衣机等。

专家提醒

目前主要还是通过传感器来实现自动感应辨识，未来或许会利用手表、手环甚至芯片等进行感知操作。

2.2.4 系统自制控制

智能家居发展的最高级阶段，大概就是系统的自我学习、自我控制能力了。由人们手动到系统自动转变，需要大量的传感器介入，通过各类光感的、温度的、湿度的、距离的、心率的传感器，搜集整理人们的日常生活行为，并进行分类归档，存入智能家居的“记忆”中，然后实现自我的进化。各类传感器之间需要互联互融，当智能家居实现了自动化之后，人们才算真正迎来了智慧生活。

2.3 传统家电变革的优势

传统家电企业向智能家电企业变革转型的优势，主要表现在如图 2-4 所示的几方面。

▲ 图 2-4　传统家电企业智能化的优势

2.3.1 产品本身具备的优势

传统家电企业在产品上的优势主要体现在企业拥有产品本身的设计、技术、生产、制造和营销渠道，不论是从外观设计、零件制造还是零件组装技术方面都具有过硬的质量保证；同时，传统家电企业还具备完整的产品策略和完整的产业链，可以将智能家电策略实施到一些小家电产品上，并且借助于计算机、物联网、大数据技术将单个的产品加以集成组合，实现产品之间的联动效果。

专家提醒

无论是产品外观设计、零件制造组装，还是产品策略和产品产业链，都是非家电企业、互联网企业等所不能企及的。

2.3.2 线上线下的渠道优势

不像互联网企业主要通过线上渠道进行销售，传统家电企业主要以线下销售为主，其主要线下销售渠道如图 2-5 所示。

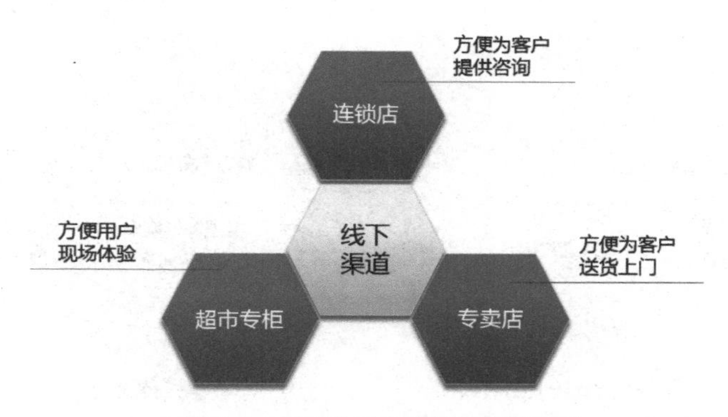

▲ 图 2-5　传统家电主要线下销售渠道

传统家电的线下销售渠道让其拥有了更多更广的用户体验群体；同时，未来在发展智能家电的战略合作上，可以充分发挥其线下为用户提供咨询、送货、安装、质检、维修、调试的优势，把售后服务做到极致，与互联网企业实现 O2O 的线上线下互动销售、宣传模式。

2.3.3　研发和升级上的优势

“互联网 +”战略思想已经深入传统行业中，传统家电业自然也具备了互联网精神，有些企业也渐渐具备了发展互联网经营的能力。但传统制造业的基础和能力并不是每一个互联网企业、电商企业所拥有的，所以这也算作传统家电在转型升级互联网道路上的一大优势。

传统家电的产品技术和产业基础都相对完善，同时还在积极地与互联网公司进行战略合作，将线下的内容、服务、技术以及产品的开发能力和线上的营销相结合。例如美的和小米合作，在 2015 年 3 月推出了一项智能家居战略，主要是由家电向智能家电转型升级，并实现智能家电设备之间的互联互通；海尔引入战略投资者淘宝，两大企业打算进行深入合作。

2.3.4　打通横向产业链优势

传统家电拥有良好的产业圈，产业圈中最大的利器是产品，有了产品才能吸引用户群。传统家电可以凭借这个优势打通横向的产业链，将传统家电产品向互联网方向延伸，以核心技术为基础，最大限度地整合企业内外部资源，与互联网企业协同发展，共同打造智能化时代；同时还可以向智慧小区、智慧建筑、智慧城市等方向延伸产业链，将本身具备的产业圈基础、产品技术协同其他的智能战略路线，打造出独一无二的智能家居产业生态链，如图 2-6 所示。

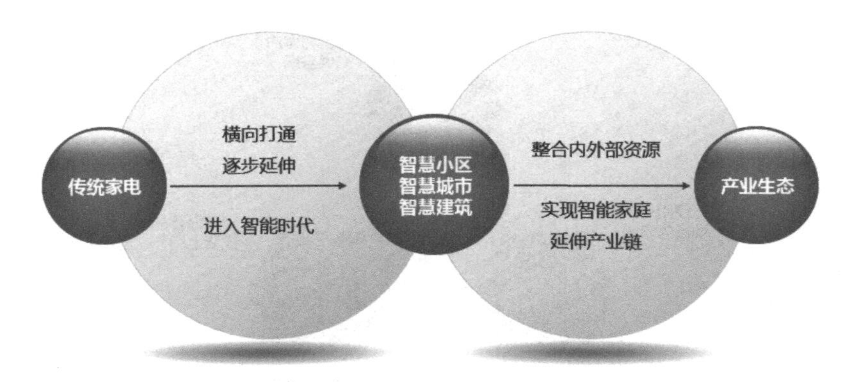

▲ 图 2-6　产业链协同延伸打造生态链

2.3.5　用户信息累积的优势

不论是传统企业还是互联网企业，最重要的都是消费群体。这里的用户信息累积的优势指的是传统家电在构建品牌优势的同时，还积累了大量用户的基本信息及其生活数据。将这些数据建成数据库，形成一个整体的数据分析系统，一方面能够根据用户的基本信息制造满足大众需求的个性化产品；另一方面当传统家电想要进行转型升级的时候，这些基本信息和生活数据能够帮助传统家电企业进行产业链的延伸，并挖掘出新的营销模式来更好地满足大众。

专家提醒

面对互联网的冲击，传统家电企业不必惊慌，而要清楚地了解自身的优势和不足；在发挥优势、管理转型、推动平台的基础上，构建相应的转型和升级的商业模式来迎接互联网的到来。

2.4　智能家居的痛点问题

近几年来，国家对于物联网的战略支持以及基础硬件的升级换代，特别是无线传感网络技术的提升，使得“智能家居”再一次进入人们的视野。而由于智能家居带来的各种便利和高效舒适的生活环境，使得消费者对它更是青睐有加。如图 2-7 所示是智能别墅中央系统配置效果图。

可以看见，别墅里的家电包括太阳能热水器、暖气、空调、中央新风、热水、家庭影音、除尘器、地暖都已经智能化。对于高消费阶层人群来说，住在这种智能化的别墅里，会比普通住宅更加舒适便利。

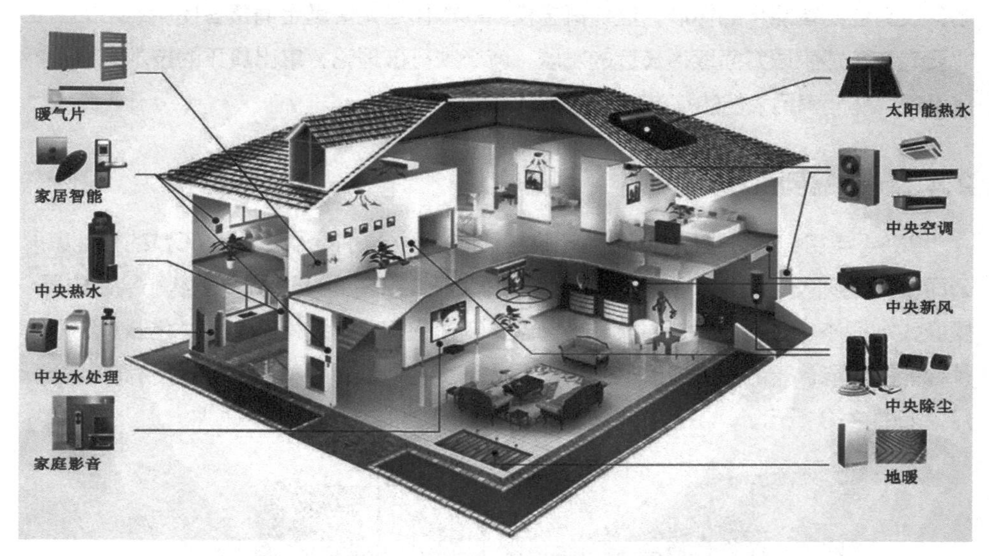

▲ 图 2-7　智能别墅中央系统配置效果图

2014 年，智能家居产业风光无限，但我国智能家居系统较之于欧美发达国家起步较晚，市场主流产品和系统并不能全面解决产品本身与市场需求的矛盾。因此现阶段的智能家居自身仍然存在很多痛点问题，如图 2-8 所示。

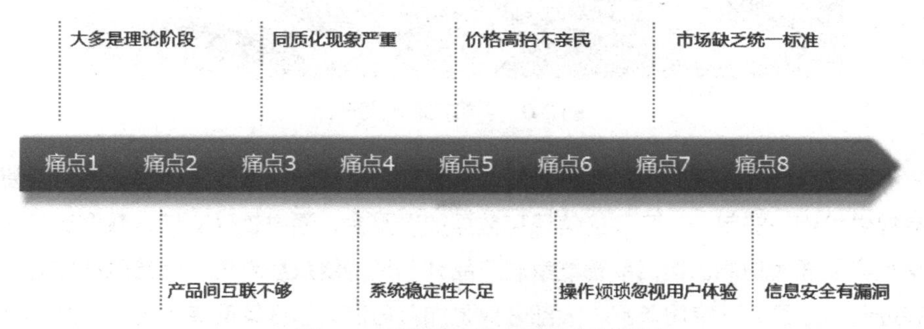

▲ 图 2-8　现阶段智能家居的痛点问题

2.4.1　大多是理论阶段

智能家居在我国已有十年的发展时间，但目前智能家居企业生产的多是关于安防、声控、灯控等一些基础产品，很少具有整套系统和产品的集成厂商，离实际意义的智能家居在技术上和功能上还存在较大的差距，加上市场产品比较单一化、趋同性明显，可以说目前的智能家居发展还仅仅处于“理念在前，技术未动”阶段。

市场上，有很多智能家居的消费误导，简单的技术支持就称之为智能化，其实根本就没有达到智能化的标准，这种概念模糊的炒作是无法满足消费者使用需求的。企业要想在智能家居方面取得长远的发展，就必须打破理论，拿出真正的技术支撑智能化设备，从而满足人们的需求。

2.4.2 产品间互联不够

2014 年初，在谷歌以 32 亿美元收购智能家居公司 Nest 之后，无数的智能家居公司和创业团队便如雨后春笋般涌现。单个智能硬件产品也开始流行，从小到路由器、摄像头、插座、灯泡、门锁、窗帘，大到冰箱、空调、电视机、空气净化器等都拥有了智能的功能。智能产品连接 Wi-Fi 后，人们便可以通过手机控制家里所有的电器产品，如图 2-9 所示。

▲ 图 2-9　手机控制电器产品

然而这些产品之间的信息是单一的、割裂的，而智能家居的关键是要将目前智能产品提供给用户的单一、割裂的信息和数据加以整合，通过软件支持、数据交互、云端交互实现强大功能。但目前智能家居产品并不是围绕家居系统，而是围绕安防、灯光等控制，或是基于家居单品，大部分只是加入语音、远程等简单的控制，产品之间的联动性不够，所以并未形成真正意义上的智能。

2.4.3 同质化现象严重

目前，越来越多的企业涌入智能家居行业，无论是互联网公司、硬件厂商、芯片厂商，还是传统的家电企业和创业者，如图 2-10 所示。国内市场上的智能家居产品也迅速增多，市场供应量逐步增大，给用户带来了全新的智能生活体验，但产品的同质化也随之袭来。

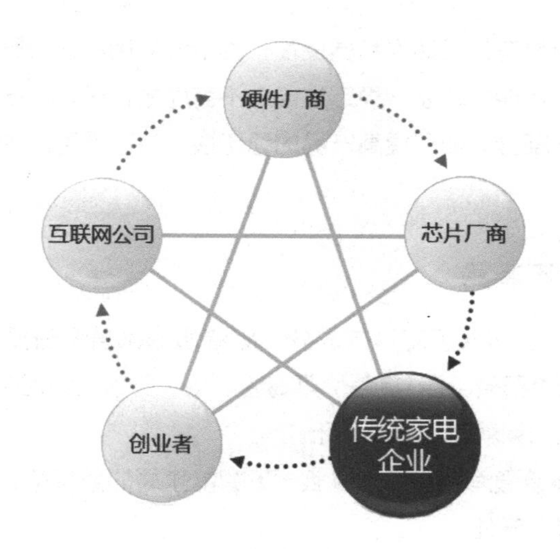

▲ 图 2-10 涌入智能家居行业的企业

智能家居属于高新技术领域，需要强大的技术研发和创新能力的支撑。盲目地投入智能家居行业而没有核心技术和行业的积累，是目前智能家居行业存在的痛点问题之一，也是制约其向前发展的一大因素。

市面上，没有能力挖掘系统研发技术的企业很多，他们主要靠山寨别人的产品生存，导致智能家居产品智能化程度不高、实用性不强，真正掌握核心技术、核心产品的企业却是少之又少。这样的行业发展模式，将会严重阻碍智能家居行业的发展。但其实归根结底，同质化问题还是由于企业的研发能力和对行业的认识不足，仅靠简单模仿来制造智能模型，以为靠一两种看似智能的功能就可吸引消费者。要改变这种现状，核心问题就是研发和创新，同时还要提升智能商业圈的良性竞争意识。

2.4.4 系统稳定性不足

智能家居在发展的过程中遇到众多瓶颈，稳定性差便是其中之一。而智能家居的稳定性，又直接影响着用户的体验效果。举个很简单的例子：炎热的夏天，下班的路上，您用手机终端控制器打开家里的空调，可是回到家后却发现，空调并没有成功开启，此时此刻您的心里会作何感想？或者当您通过终端设置好预警信息，而报警器却突然在无任何异常的情况下发出报警声响，您的心里又会怎么想？很简单的例子，却能让人看到智能家居稳定性差给用户体验带来的负面影响。

目前，许多智能家居厂商为了实现对更多方面的控制而过于追求华而不实的功能，却往往忽视了最根本的一点——系统的稳定性。

同时，在无线技术盛行之后，厂商纷纷推出无线智能家居产品。基于无线技术控制的智能家居系统所具有的灵活性和便捷性，也十分受用户的亲睐。然而问题也随之而来，无线产品抗干扰能力较差，稳定性自然不言而喻。于是，稳定性也成了无线智能家居尤为重要的一部分。如何提高产品的稳定性，将不得不成为厂商接下来要思考的问题。

2.4.5 价格高抬不亲民

智能家居设备由于加入了高科技成分，比普通的家居设备要贵上好几倍。比如 Nest 恒温器与普通恒温器相比，其差价可高达 7 倍。普通门锁现在可能只需几百元，但一个 August 智能门锁就需要 1500 元。

也就是说，即便普通消费者们想体验一下智能家居的新鲜感，也会被昂贵的价格这只大大的“拦路虎”吓住。

另外，由于智能家居在技术上需要投入大量的研发资金，一些中小企业厂商并没有能力持续创新，也就更难形成规模生产。不成熟的技术和华而不实的产品外表导致了厂商生产智能家居的成本一直居高不下，这也是价格下不来的原因。

2.4.6 操作烦琐忽视用户体验

真正的智能家居应该是人和智能家居设备能够“互联、互通、互动”，即智能家具设备能够通过人的语言或操作，借助于大数据、云计算、人工智能等技术实现与人之间的沟通和交流。

不过从目前的情况来看，很多所谓的智能家居产品连基本的操作设置都设计得不够人性化，就更难说真正意义上的智能化了。比如，有些智能电视的操作就很复杂，别说让老人、小孩来使用，就算是常常接触电子设备的年轻人也不能很好地操作，可以说设计得非常欠考虑。系统过于繁杂、操作不够人性化、功能多却实用性不足，这些都是智能家居发展的障碍。

2.4.7 市场缺乏统一标准

智能家居标准不统一，而多个标准并存所带来的最明显的问题，就是采用不同标准智能家居品牌产品之前难以互联互通，这与智能家居本身的要求恰恰相反。产品不兼容所导致的后果被认为是智能家居难以普及的开端，而且标准不统一、产品不兼容、厂商各自为战等不和谐因素都给行业的整体发展带来了一定的不良影响。

2013 年以来，国内家电龙头企业如海尔、长虹、美的、TCL 等厂商先后发布智能家居发展战略，甚至国内外的 IT 互联网巨头也纷纷进入。

据了解，海尔、美的、长虹等都在积极打造自己的智能应用控制平台，以争夺在未来智能家居应用中的主导权和话语权。例如，美的计划投资30亿元，在顺德建造美的全球研发总部，作为未来美的智能家居的孵化、研究基地。

苹果公司推出的HomeKit智能家居应用平台也是希望打造一个统一的智能家居管理平台，采用一种通用协议，对所有智能家居产品进行集中化的管理。但是统一的智能家居控制运行平台始终尚未出现。

不过，智能家居行业标准的制定也并不能在短期内一蹴而就，还需要通信运营商、智能家居设备供应商、路由器供应商以及运营服务提供商之间的协作。

目前，智能家居产业缺乏主导和承担推动智能家居行业标准制定的领导者，而不同厂商生产的智能家居设备如果没有统一的物联网协议标准，智能家居的用户体验将大打折扣。

2.4.8 信息安全有漏洞

智能家居设备不仅要为用户提供智能化服务，还要收集用户的信息数据，如果智能家居厂商制造的设备只是为了方便消费者，而不能保证智能家居设备的安全，就有可能让黑客入侵用户的生活。这样的“智能化”只会造成消费者的抗拒，使智能家居的发展停滞不前。

物联网让所有的物体都连接在全球互联网中，它们可以相互通信，因此更应注重隐私的保护，避免发生隐私泄露问题。例如，对物体进行感知和交互的数据要强化保密性、可靠性和完整性，未经授权不能进行身份识别和跟踪等。物联网的应用能提供个人和家居安全保障，但不能让安全隐私成为个人和家居的不安全来源。

第 3 章

核心价值，大话智能家居产业链

经过几十年的发展，智能家居已形成产业，产业链条也在逐步完善。在这场产业机遇中，各大供应商、软件企业、智能家居厂商都使出了浑身解数，想要从产业价值中获利。本章笔者将为大家介绍智能家居产业链的发展。

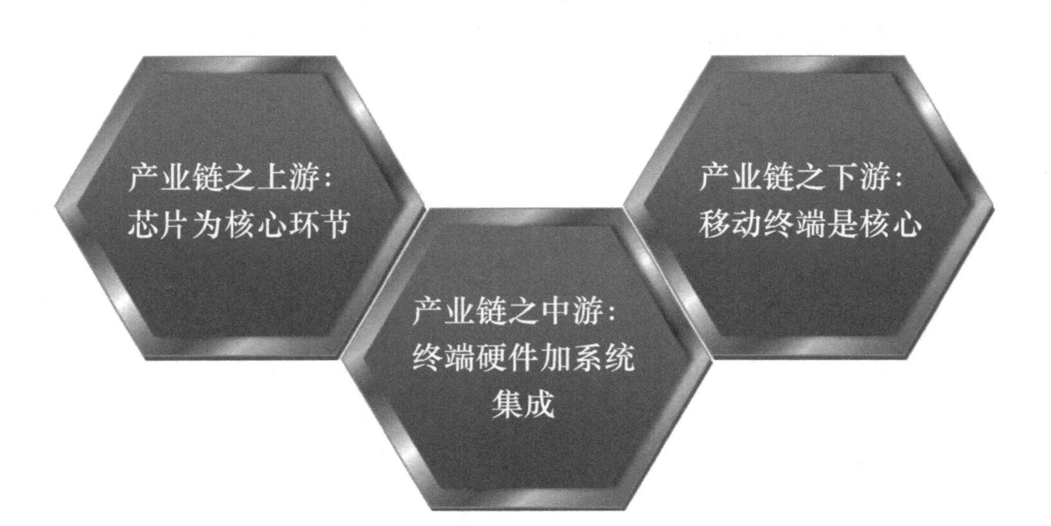

3.1 产业链之上游：芯片为核心环节

智能家居的上游产业链主要为元器件厂商，厂商生产的零部件主要有显示模块、IC、晶体管、电阻、镜头、芯片、传感器、通信模块以及嵌入式语音操控模块。这些上游零部件中，芯片为核心环节，同时它们均具备 3 大属性，如图 3-1 所示。

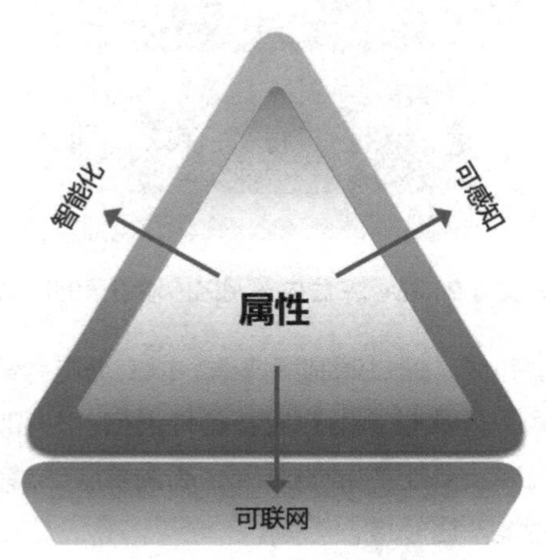

▲ 图 3-1 上游零部件具备的属性

3.1.1 智能家居零件属性之可感知属性

智能家居零件都具备可感知属性，即通过传感器可以感知到各种信息，从而根据感知到的信息进行分析并做出判断。

例如，智能滚筒洗衣机能够感知温度和湿度，准确调节烘干的时间，在确保衣物达到理想干衣效果的同时，做到不伤衣物、省时省电；智能空气检测仪能够感知家庭环境指标，包括 PM3.5、甲醛、噪声、VOC 有害气体等，在发现污染的同时，会发送指令，自动优化和改善室内环境；感应灯是当人体在一定感应范围内的时候就会自动亮起，而人走后就会自动熄灭。

3.1.2 智能家居零件属性之可联网属性

智能家居内部网络传输信号的技术主要有 3 类，如图 3-2 所示。

总线技术：一种全分布式智能控制网络技术，能够将设备通信集中在一条线上综合调试，需要布线、成本高且操作繁杂。

无线技术：和总线技术相反，无须布线、成本低且操作简单，实现方式有蓝牙、无线射频技术等。

▲ 图 3-2　智能家居内部网络传输信号的技术

电力载波技术：无须布线，通过调制解调器，以交流电为载体，实现信号传输。

智能家居零部件的可联网属性是指对应着各种通信芯片和设备的开发，例如星网锐捷推出的基于无线网络的无线监控预警产品、高清多媒体解码芯片等都具备联网功能，能够被广泛应用到智能家居领域。

3.1.3　智能家居零件属性之智能化属性

智能家居零件智能化是指人工智能化，涉及云计算、大数据等领域。智能家居零件的人工智能化是指通过计算机系统模拟人类大脑、超越人类能力的智能化，包括演绎推理、深度学习、自然语言处理、机器人学、语音识别等。其中，深度学习通过大数据获得分析和解决问题的方式，也就是真正的人机交互，让智能家居能按照人的想法去行动，让人能通过语音、手势、体感等方式控制智能家居。待智能家居发展到成熟时期，就能与人进行“交流”了，并自主通过人类的日常生活习惯调整自身的控制指令，实现真正的智能化生活。

3.1.4　芯片为上游产业核心部分

在智能家居的零件中，芯片直接反映了智能家居的主流技术路线特点和产品性能，因此智能家居的核心部分是芯片。目前国内外的芯片厂商已经开始布局，下面介绍几大芯片厂商的芯片布局之路。

1. 德州仪器

位于美国得克萨斯州达拉斯的跨国公司德州仪器（Texas Instruments，TI），是世界第三大半导体制造商、蜂窝手机的第二大芯片供应商，同时也是第一大数字信号处理器（DSPs）和模拟半导体组件的制造商。公司以开发制造、销售半导体和计算机技术闻名，主要从事数字信号处理与模拟电路方面的研究、制造和销售。

2013年，德州仪器推出集成ARMCortex-M3MCU的ZigBee SoC芯片CC2538。基于市场上85℃的工作温度已经无法满足开发商的要求，拥有最高125℃工作温度的CC2538成为市场的香饽饽，这也是该芯片的最大卖点之一；同时CC2538在智能电表、HVAC控制、恒温控制与显示、传感器网络及智能照明网关等方面的广泛应用也很好地推动了市场需求。

2. 高通

高通（QUALCOMM）成立于1985年7月，是无线电通信技术的研发者之一。长期以来，高通在专注核心业务的同时，也在不断布局物联网。2011年，高通以31亿美元收购创锐讯公司，加速进军手机芯片以外的产品领域；到了2012年，高通宣布多家厂商已基于公司芯片组推出了100多个面向新兴的物联网、M2M生态系统的蜂窝及连接的解决方案，在其发布的物联网产品路线图中，也包括了高通创锐讯的连接芯片；而2013年，高通又联合AT&T推出了物联网开发平台。

据悉，高通创锐讯率先为家电和消费电子产品推出低功耗Wi-Fi平台QCA4002和QCA4004，这是高通为物联网应用定制推出的第一款单芯片平台。这个平台是基于Wi-Fi和蓝牙的近距离通信技术，可实现在不同产品、应用程序和服务中提供无缝连接和通信；对于消费者来说，操作更为便捷。

该平台主要应用市场包括洗衣机、空调设备和热水器等主流家电、消费电子产品及用于家庭照明、安全和自动化传感器与智能插座。

高通表示，提供低功耗的节能连接功能是高通对未来物联网的部分愿景。要想实现这个愿景，首先要建立一个生态系统，并且达到规模化；达到规模化后，才会有更多的开发者去开发更多的应用。

3. Marvell

Marvell是一家芯片供应商，目前在智能电视领域做得较为成熟，已经与大量的企业展开了合作，包括夏普、海信、创维等。为了让消费者在智能电视上获得更多的享受，Marvell还与一些电视内容提供商展开合作。

在智能照明领域，Marvell与其他企业合作开发出的LED灯泡可以实现利用智能手机、平板电脑进行光亮调节的功能；而在网络连接上，Marvell不仅合作推出了TD-LTE制式的多模产品，还推出了g.hn标准的电力线传输工具，利用这个工具无须布线就能将Wi-Fi部署到所有房间中。

4. 博通

博通（Broadcom）是有线和无线通信半导体领域的全球领导厂商，于 1991 年创立。博通的产品主要是实现家庭、办公室和移动环境中的语音、视频、数据和多媒体的传递，为计算和网络设备、数字娱乐和宽带接入产品以及移动设备的制造商提供了最广泛的软件解决方案。博通在新加坡、韩国、日本等亚洲市场都拥有工程、研发、销售和营销团队，同时还与所有区域的顶级运营商以及 OEM 客户有着良好的合作关系。

在我国市场，光纤到户、4G 商用、云计算等成熟动向为博通带来了新的机遇。2014 年 3 月，博通与上海科技大学达成合作意向，以推动我国无线基础设施建设，加速本土物联网市场的产品开发。

5. ARM

ARM 公司是苹果、诺基亚、Acorn、VLSI、Technology 等公司的合资企业，是微处理器行业的一家知名企业。公司设计了大量高性能、廉价、低耗能的 RISC 处理器、相关技术及软件，适用于多种领域，比如嵌入控制、消费 / 教育类多媒体、DSP 和移动式应用等。

ARM 公司通过出售芯片技术授权，建立起新型的微处理器设计、生产和销售商业模式；同时，ARM 将技术授权给许多著名的半导体、软件和 OEM 厂商，并且每个厂商得到的 ARM 相关技术及服务都是独一无二的。通过这种合伙关系，ARM 很快便成为许多全球性 RISC 标准的缔造者。

3.2 产业链之中游：终端硬件加系统集成

众所周知，产业链一共分为上、中、下游三个环节。介绍完上游产业链，下面笔者将为大家介绍智能家居产业链的中游部分。

3.2.1 中游包括哪些环节

智能家居中游包括两个环节，如图 3-3 所示。

▲ 图 3-3 智能家居中游的两个环节

智能控制中心环节：主要为智能网关，是家庭网络和外界网络的桥梁。在智能家居中由于使用了不同的通信协议、数据格式和语言，智能网关才能够对收到的信息进行整理打包，把外部的通信信号转化成无线信号，让家里每一个角落都可以接收信息。在这个环节，涉及的主要是互联网公司。

智能控制终端产品环节：最重要的是智能互联终端产品的核心技术，谁能掌握并快速推出低成本、稳定的系列终端产品，谁就能获得长久的发展。

3.2.2 终端硬件竞争激烈

国内企业，包括海尔、格力、美的、TCL、海信、长虹、九阳、康佳等在内都在智能家电领域特别是白电领域展开了激烈的竞争，随着 BAT 的加入会使整个智能硬件的市场竞争更加激烈。

在智能家电、安防、系统控制与集成等细分领域，很多企业为了抢夺先机，早早开始布局。猎豹推出的豹米空气净化器已经在天猫开卖，小米的智能路由器也已经上市，360 与 TCL 推出的智能净化器也瞄准了智能家居市场；涉及安防和可视对讲领域的企业，如深圳安普睿智、霍尼韦尔、冠林、安居宝等已经把智能化功能加入系统设计中，推出众多带有智能化的安防和可视对讲产品。未来一段时间，这种百家争鸣、百花齐放的格局应该还会持续下去。

3.2.3 中游发展还要看集成

在终端硬件激烈竞争的时候，系统集成环节的缺失问题依然没能缓解，这成为制约消费者体验的一大瓶颈。智能家居从一开始的单品化到系统集成化，智能化的功能也在慢慢体现，如果实现不了系统集成，也就实现不了真正的智能化。因此产业链中游环节最重要的还是系统集成，集成商在实施过程中涉及的环节有设计、施工、装修、宣传和销售等，要将所有的子系统集合在一个平台上。除了需要针对性和专业性的技术外，还需要贴近终端消费市场。

3.3 产业链之下游：移动终端是核心

当智能家居产业链中游的终端设备在火速竞争时，下游的链条已经开始萌芽。中期看集成，长期看服务，虽然服务商企业现阶段并未过多开展相关业务，但市场关注度已经不断升温，而视听服务在这方面已经先行一步。本节将为大家介绍智能家居产业链下游。

3.3.1 下游产业链以用户接口来体现

智能家居下游产业链环节最终会以用户接口体现出来，将所有信息通过移动终端应用 APP 进行集成并可视化给用户，实现全天候监控和控制。也就是说，用户只需要一个 APP，就能对家庭中的各种设备进行统一控制和管理，从而实现场景一键控制。因此说，移动终端 APP 充分体现了企业对人性化的追求以及对用户需求的理解。

3.3.2 下游视听服务

在智能家居的服务应用领域，视听服务发展最早，智能电视一马当先，尤其是互联网视频内容成为智能电视的竞争要点。随着互联网电视的兴起，对于多种屏幕终端的争夺，最终还是会回归到内容源的本质上；只有拥有足够强大和优质的内容源，才能真正吸引和留住用户。而靠着为数不多的智能电视的销量，乐视网市值提升近千倍，乐视网嵌入智能家居后的新生态让市场看到了更多的发展前景。

不过，目前服务商的角色也在悄然发生着变化。TCL 和爱奇艺的合作、小米和乐视的合作，两者之间发生激烈的碰撞，使智能电视的服务商出现了不同的盈利模式，盈利的最终也必须提供满足人们需求的服务；同时，还有一些潜在服务提供商，包括捷成股份、同洲电子等，正在谋划借助于广电渠道进入智能家居服务领域，为市场提供了更多潜在的视听服务。

然而，智能电视服务商仅仅是智能家居下游产业链的冰山一角，由于尚未有统一标准，终端家电及安防产品的控制与系统集成仍在摸索阶段，大多软件服务商仍在观望之中。因此智能家居下游链条的落地，还要等待未来某个时日。

第 4 章

商业机遇，智能家居背后的商业论

智能家居的商业模式有了新的进展，为了满足人们日益增长的个性化需求，智能家居企业、互联网企业也越来越注重个性化的产品和服务。未来，智能家居将会往哪些方向发展，都是各大企业需要注意并重视的。本章笔者将为大家介绍智能家居背后的商业论。

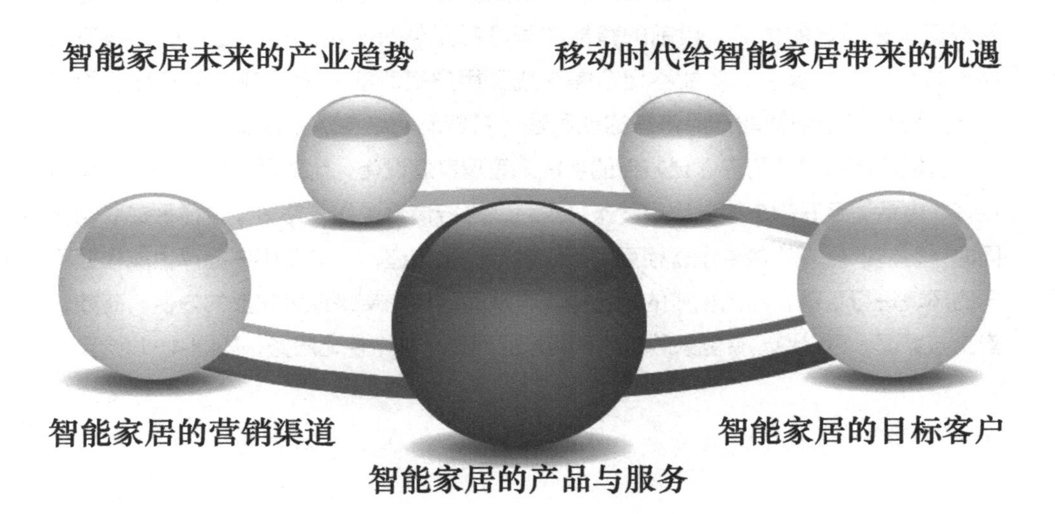

4.1 智能家居的产品与服务

智慧家居是未来智能家居领域发展的必然趋势，而要实现智慧化、智能化就必须研发出优质的产品，并在市场标准统一的前提下开发出稳定、安全、高效的智能产品；同时未来的产品将越来越多地与服务绑定在一起，而不再独立存在于智能家居世界里，移动终端 APP 应用将成为产品功能不可缺少的一部分，个性化服务也会受到越来越多的重视。

4.1.1 智能家居的智能科技产品

与市面上传统的电器设备会抢夺消费者的注意力不同，未来的智能家居产品将会通过智能化的算法和功能定义尽量减少消费者与产品本身的互动。也就是说，智能家居设备利用本身的智能化功能和相应的大数据、云计算技术，能够自动根据消费者的生活习惯储存记忆，并对周遭环境进行分析和做出判断，然后以最有效率的形式为消费者提供多元化的生活服务，而消费者和智能家居设备只需要一点甚至不需要互动。未来的智能家居科技产品完全智能化将会成为一种可能，也会让消费者的生活方式越来越简单。

4.1.2 智能家居注重个性化服务

所谓智能家居时代就是物联网进入家庭的时代，它不仅包括手机、平板电脑、大小家电、计算机、私家车，还包括人们的基本生活、安全、健康、交友甚至家具家电等家中所有的物品和生活。

对于消费者来说，选择智能家居，本身就是为了享受高科技带来的更便捷、更舒适、更高效的生活。目前的智能家居产品虽然有一定的智能化功能，但是实用性较差、操作复杂、功能不切合需求成了用户抱怨的主要问题。用户在使用智能产品时体验不到智能产品带来的便利性，有些反而给生活带来了诸多不便。

智能家居可以让用户以更方便的手段来管理家庭设备，比如通过触摸屏、手持遥控器、电话、互联网来控制家用设备，更可以执行情景操作，使多个设备形成联动；同时，智能家居内的各种设备相互间可以进行信息传递，不需要用户指挥也能根据不同的环境进行互动，给出相应的运行操作，从而给用户带来最大程度的方便、高效、安全与舒适。可以说，智能家居卖的不是产品而是一种个性化服务，如图 4-1 所示。

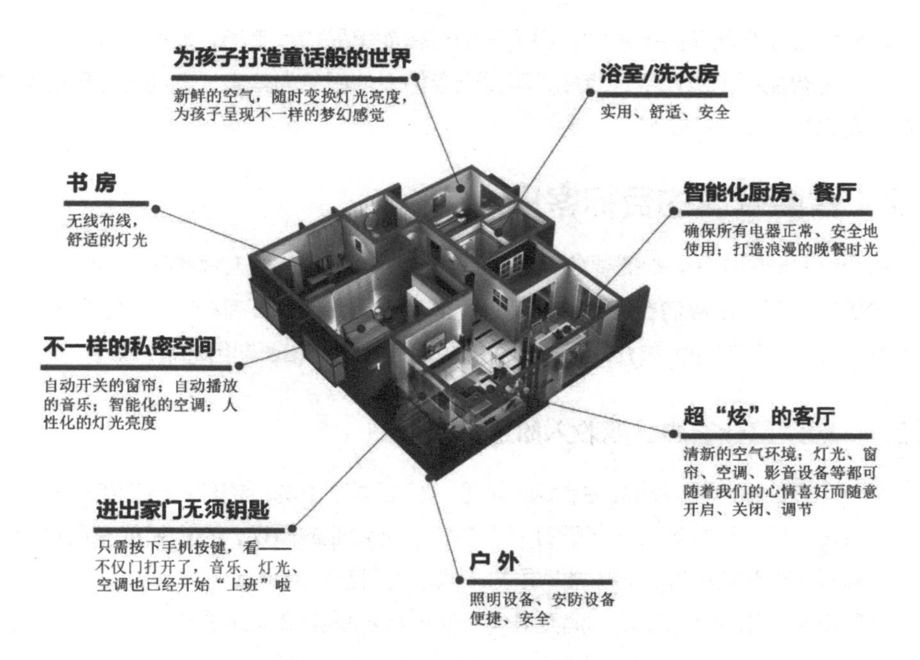

▲ 图 4-1　智能家居给用户带来舒适的生活

4.1.3　未来的硬件 + 服务模式

未来，独立的产品无法构建完整的生态链，只有和服务结合才能形成持续有效的发展并实现盈利目的。因此，产品会和服务绑定在一起，如图 4-2 所示。

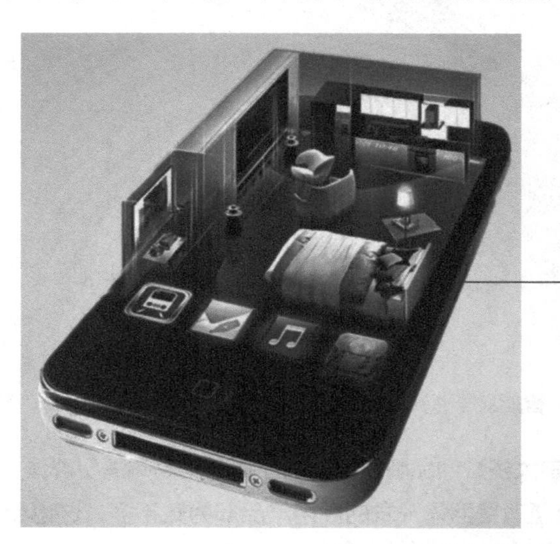

硬件 + 服务模式主要以硬件为载体，依靠后续增值服务、硬件 APP 打造出垂直入口、收集整理分析大数据并货币化等多种方式来创造价值

▲ 图 4-2　智能家居硬件 + 服务模式

很多企业在布局智能家居时，都是先通过智能单品切入市场，然后以大数据、云计算、人工智能技术实现系统集成，再以云存储增值服务为基点，顺利走进智能家居行业，实现商业模式的变革。

4.2 智能家居的目标客户

每个行业要想做好，都需要分析自身的目标客户和潜在客户。智能家居业也一样，通过分析了解智能家居消费者的群体特征、消费观念，便能够有针对性地进行推广和宣传营销。本节笔者为大家介绍智能家居的短期目标客户和长期目标客户。

4.2.1 短期目标客户：高收入阶层家庭用户

智能家居的概念虽然已经逐步深入人心，但居高不下的价格总让普通老百姓望而却步。目前，国内智能家居市场已经受到各大品牌企业的重视，不少智能家居企业已经纷纷着手布局智能家庭，将智能家居打入人们的日常生活领域。

目前来看，选择智能家居的消费群体一般具有如图 4-3 所示的特征。

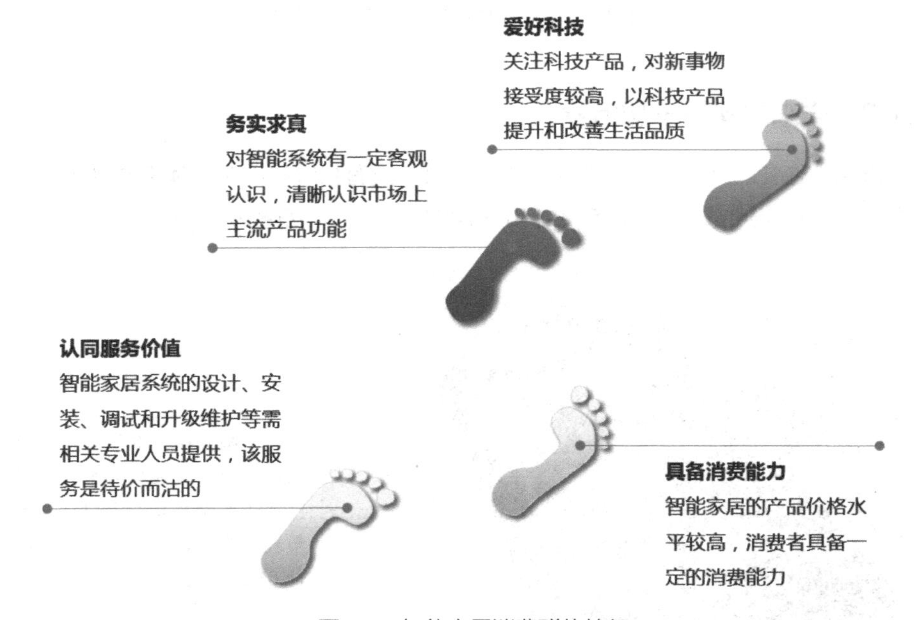

▲ 图 4-3 智能家居消费群体特征

从智能家居的市场定位来看，目前大多数的品牌在短期内还是面向高端消费群体，以高收入阶层的家庭为主，而针对普通消费群体开发的民用产品却为数不多，这也和智能家居的现状有关，短期内想要将智能家居延伸进普通家庭似乎不太可能。但是由此可以看出，未来智能家居民用市场的开发空间是无限巨大的，市场份额也是不可估量的。

4.2.2 长期目标用户：广大普通工薪阶层家庭用户

随着物联网大潮的来袭，不仅智能家居在产品自身上发生了由单品向系统集成方向的转变，就连消费者对智能家居的认知度也比以往高了很多。智能家居揭开其神秘的面纱，渐渐受到广大人群的关注，甚至有部分智能家居产品正在逐渐从奢侈品向普通消费品转变。另外，无线技术的推广也加速了将智能家居推向民用化的步伐。由于无线智能家居拥有移动灵活、扩张性强、免拆卸、用户可以任意 DIY、低成本、低功耗等特点，十分符合当前“低碳生活”绿色智能家居概念。

中国作为一个人口大国，相比于高收入阶层人群，目前普通工薪阶层还是占了人口比例的大多数，如图 4-4 所示。虽然智能家居渐渐走入普通人群的生活，但短期内想要将智能家居市场完全打入普通工薪阶层生活是不太可能的。这会是一场持久战，未来还有很多问题等待智能家居厂商和各大企业去面临并解决。

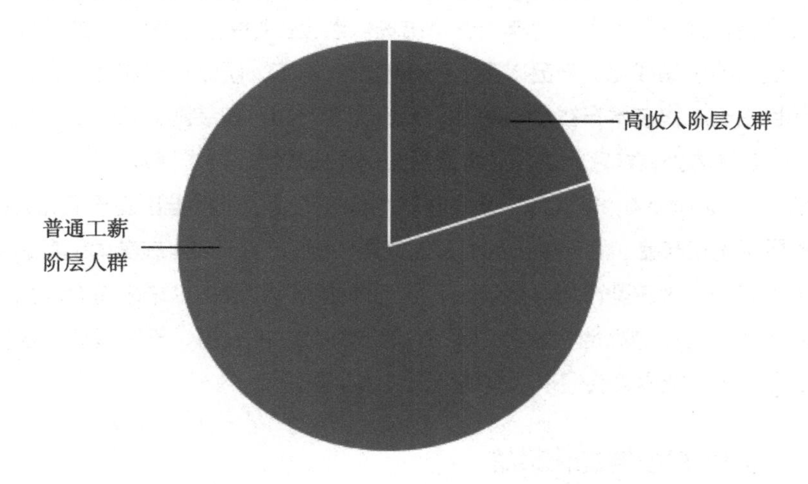

▲ 图 4-4 普通工薪阶层与高收入阶层人群对比

4.3 移动时代给智能家居带来的机遇

移动互联网时代，餐饮、零售、服装、团购甚至教育、旅游和汽车等行业先后搭上顺风车“触网”，开启线上线下 O2O 模式。那么这些行业的转型对智能家居业而言意味着什么？是产品的微型化、服务的精细化、成本的更低化以及营销模式的转变化，同时也是系统的交互联通化、产品的乐趣化、智能化和简单实用化。在这个时代，要想闯出一片广阔的天地，就要给行业带来更加精准的需求分析和创新的产品设计，同时还要兼备合理的市场营销方式。本节笔者主要向大家介绍移动互联网时代会给智能家居行业在哪几类市场中带来机遇。

4.3.1 高档小区智能系统

对讲产品由于具有重要的安防作用，所以对高档小区来说是广义智能家居市场不可缺少的一部分。可视对讲屏幕的需求点在以前主要是实现与来访者的视频，现在则可以与智能家居系统相连，成为智能家居中的控制端之一。由于可视对讲的重要性，决定了其销售模式一般是由开发商统一购买，然后给用户安装使用。所以可视对讲的消费群定位十分鲜明，也就决定了它以工程产品的面貌出现，并且其业务模式也具备了工程化的 DNA，这是它与狭义智能家居产品最大的不同。

4.3.2 面向大户型智能化系统

狭义智能家居领域目前落地项目最多的一个市场就是面向大户型的集成化智能家居系统和产品，并且在未来一两年内这个市场依然会占据主流。大户型的集成智能家居市场主要依赖于集成化的产品以及工程化的设计施工，所以业务流程漫长、体验门槛高；而且由于总线技术布线烦琐复杂、系统功能封闭、安装施工问题多、扩展性差等问题，很多国内外智能家居的创业者渐渐布局无线领域以寻求突破口。

目前，以 Control4、欧瑞博、南京物联为代表的企业已经推出基于 ZigBee 技术的智能家居系统和产品。而专注于无线智能家居领域的 Control4 在美国纳斯达克上市的事例告诉我们：大户型市场体量巨大，且远未达到饱和状态，未来将会成为各大智能家居品牌争相抢占的高地；随着 ZigBee 等无线技术的发展，无线智能家居的优势会慢慢凸显出来，业界将会迎来从有线到无线的全面变革。

4.3.3 面向小户型智能化系统

面向小户型的智能家居系统和产品，将被 80、90 后这些中产阶级推动起来。80、90 后逐渐在社会站稳脚跟后，购房的刚性需求也显现出来。这个群体的主要特征如下所示。

①贷款买房，用 4000 元的工资买 5000 元以上的智能产品，他们愿意用自己有限的能力追求高品质的生活。

②这个阶层的人群对智能家居的敏锐度、关注度、渴望度比其他阶层都要高出许多。

③这个阶层的群体受教育程度较高，虽然收入有限，消费也相对理性，但是他们对新事物的接受度高。

④对于智能产品，他们需要的是小集成者，功能不复杂、时尚、体验好、性价比高等特色是他们的追求。

这个特殊的群体决定了智能家居的产品模式，不需要复杂的安装，客户也不需要接受专门的培训，只需要简单的方式就能实现智能产品的全部功能。这类市场交易的流程会极简单，速度会很快，往往是以量取胜，且在未来两三年里将会是增长最快的一类市场。

4.3.4 微智能单品

智能家居除了以上 3 类市场，还有一类市场。这类市场主要是面向个人消费者的简单、实用、时尚又有趣的微智能单品市场，旨在降低智能家居的体验门槛、减轻智能家居的奢侈消费印象，回归平价。单一的产品满足单一的需求，面对智能家居个人消费群体，除了价格要平民化之外，产品性能也要有保障，需要的是智能家居行业创新而可靠的产品。图 4-5 所示为果壳 Watch 智能手表，具备可脱离手机独立上网、提供包括人体感应在内的独特传感能、支持多地时间、随时随地获取天气预报、全天记录行动数据并精确分析脂肪燃烧情况等功能。

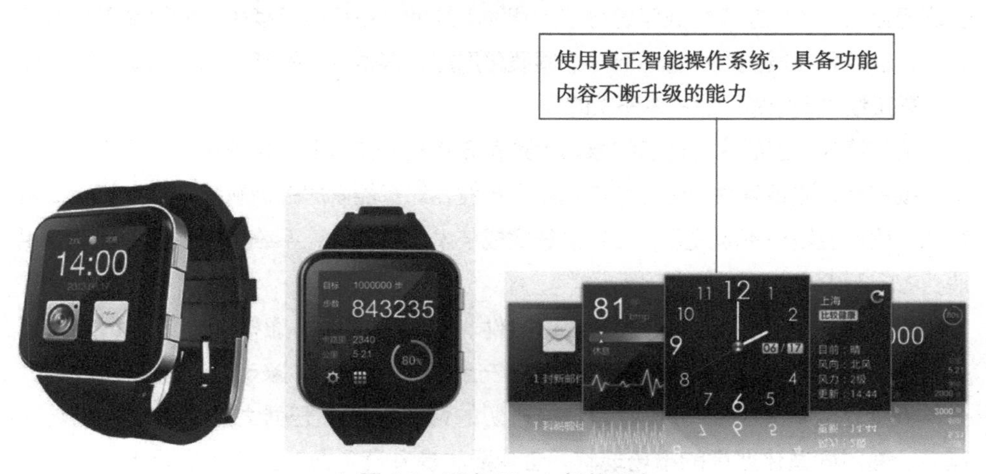

▲ 图 4-5 果壳 Watch 智能手表

4.4 智能家居未来的产业趋势

智能家居自诞生以来，虽然其强大的智能化功能让人叹为观止，但同时也经历了一个饱受争议的阶段。前期发展的智能家居，一直都处于概念炒作的阶段，价格昂贵不说，操作也甚是烦琐，且没有统一标准。而 2015 年智能家居将进一步从概念层面向产品层面、应用层面落地。智能家居行业要想有更加大的产业发展，必须关注图 4-6 所示的 5 点。

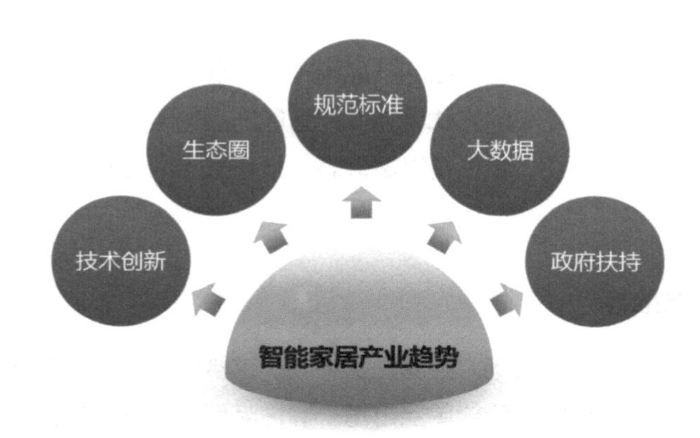

▲ 图 4-6　智能家居产业趋势

4.4.1　智能家居的产品技术创新

互联网时代，在物联网、云计算、大数据等技术的交织影响下，创业者、投资者、互联网巨头、传统家电企业等纷纷涉足智能家居业。在这股持续关注的热潮下，智能硬件、软件虽然层出不穷，然而产品同质化严重，很多企业把精力都放在宣传和炒作上，真正致力于创新产品技术研发的很少。

笔者认为，造成这种现状的原因大致有 3 点：一是行业标准未统一，无论是创业者、投资者，还是互联网企业和传统家电行业，对智能家居的理解都不太一样；二是智能家居产业链还不太成熟；三是系统集成技术还在摸索，系统稳定性还不足以满足消费者的需求。

智能家居包含的模块非常多，有硬件、芯片、软件、通信、云计算、大数据处理等。而细分的领域又可以分为家庭安全、环境监测、家电控制、照明控制、个人健康医疗和家庭影音娱乐等，这一切的背后都离不开强大的研发能力和创新能力。面对同质化严重的市场现状，企业要想提升竞争力，就要积极寻求突破口，在挖掘自身差异化竞争优势的同时，还要对产品和技术进行创新，用专业的研发和技术武装自己。

目前无论是有线还是无线技术，其本身的局限给用户带来的体验都不是十分美好。很多企业没有核心技术和行业积累，只能围绕安防、灯光控制等功能进行炒作，或者大部分所谓的智能家居也只是加入一些语音和远程操控等技术，离真正的智能化还有很长的一段路。

产品创新，不仅仅是加深企业在智能家居领域的摸索、扩充智能产品的使用功能，还要提升用户体验。其实同质化问题的根本原因还是企业的研发能力和对行业的认识不足，只靠简单地模仿智能概念，却没有一款真正属于自己的产品。企业要想改变这种现状，就需要研发和创新，特别是一些核心的专利产品对于智能家居企业来说是质的飞跃和突破。目前我国智能家居行业方面的相关专利非常缺乏，这直接反映了智能家居企业创新能力缺乏的普遍问题。

未来，智能家居要继续发展，企业就需要不断地创新，寻求差异化路子，跳出产品同质化的怪圈，发展自己的独有优势，从行业中脱颖而出，并且给用户带来更好的智能家居体验。

4.4.2 建立智能家居产业生态圈

过去一年是智能家居行业爆发的一年，长虹、海尔、美的等家电集团先后发布其智能家居战略，并且实现了单品的智能化。在众多产品百花齐放、众多大佬忙得不亦乐乎的情况下，行业却遭遇了“外冷内热”的尴尬局面，用户对这种模式化、智能化的产品反应平淡，市场出现一片低迷之象。

美的集团董事长方洪波认为，随着中国家电大规模低成本模式逐渐失去效果，如何培养新的商业模式并融入互联网时代，是当下中国家电行业面临的重要课题。

一个产业仅靠自身的努力和发展是不够的，身处产业大环境下，必定和产业生态圈有着千丝万缕的联系，也离不开产业环境的影响。所以各大企业若想玩得大，除却圈占地盘、迅速占领、示好受众、满足需求等传统手段外，生态圈的构建是必不可少的重要战略思维。

当越来越多企业的智能化家居战略开始提上日程，当各行业家电企业已摩拳擦掌预备启动智能化战略以期给予消费者更好的智能化生活体验时，却因技术不够创新或者技术标准不同而导致无法在终端进行统一控制，这不仅会影响消费者的体验，也会影响智能家居未来的发展。

海尔的U+智慧生活实现了智能战略的规模化落地战略，如图4-7所示。通过与用户的直接交互，以消费者思维突破了产品、技术创新的思维束缚，打造了全新的独特的智能家居生态圈。

智能家居需要一个相互协作的生态圈，加强产业合作、重铸行业生态、构建生态圈将会是智能家居产品未来的重点趋势之一。

▲ 图 4-7　海尔 U+ 智慧生活

4.4.3　确保产品和市场规范标准

在没有统一行业标准的情况下，不同领域、不同企业之间各自为战、各成体系，导致智能家居产品五花八门，很难实现系统兼容、信息共享以及互联互通，从而给消费者带来极大困扰。

智能家居在我国目前技术水平还处于发展阶段，虽然已颁布了一些相关的标准，但侧重点不同，且能够完全满足建设领域用户需求的智能家居标准还没有出台；同时，基于物联网带来的创新智能家居领域还需要进一步开展标准化工作。无规矩不成方圆，要想让碎片化、“各自为政”的智能家居产品形成有序的发展，标准的制定显然已经迫在眉睫。

小米科技 CEO 雷军表示：由于消费者对智能家居的多样化、个性化市场需求不同，导致了各厂商的技术路线、通信协议和使用标准非常多且差别很大。

从企业规模来看，先前的企业大多数都是以单个产品为主打，没有统一的标准自成体系。如果能够制定出统一有序的衡量标准，贴合人性化的需求，那么智能操作就会让人们的家居体验更加随心所欲。

4.4.4　有效利用大数据和云计算

伴随着物联网、云计算、大数据、人工智能等一系列新兴技术的兴起，智能家居跟物联网、云计算技术结合之后，让人们的智能生活变得更便利。

以物联技术推出的智能家居系统，需要将分散在全国各地成千上万的智能家居用户，用云计算技术实现汇集，然后进行分析和处理，在同一平台实现不同功能控制需求，形成大融合的集成控制模式。从数据上来看，一个家庭一年产生的数据量相当于半个国家图书馆的数据总量，因此如果没有大数据和云计算的帮忙，带给用户的将不是便利，而很可能是大麻烦。智能家居只有与大数据、云计算联手，才具备了大规模推广的条件。图 4-8 所示为智能家居云平台。

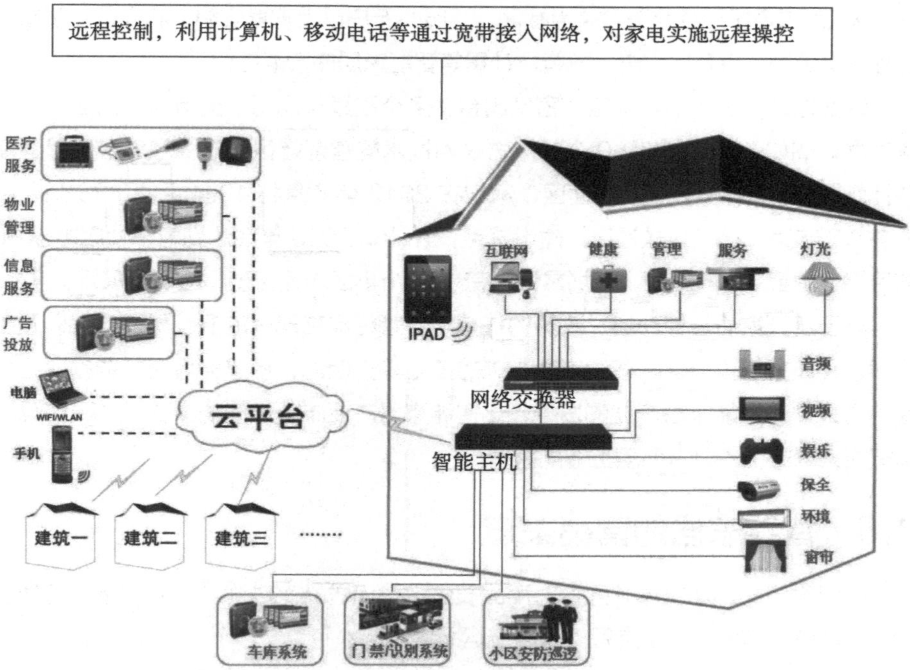

远程控制，利用计算机、移动电话等通过宽带接入网络，对家电实施远程操控

▲ 图 4-8 智能家居云平台

在智能家居云平台上，所有用户都不必专门购买什么数据存储设备，包括大量历史数据存储设备、视频存储设备将会被系统“云存储”平台所替代。而智能家居用户可以通过手机、平板电脑等无线上网设备，随时随地登录云平台，查看智能家居状况、修改策略、查看系统建议、远程控制等，并发出指令或接受信息。

在云平台的支持下，即使客户不在家中，也可以对家中设备进行远程集中监视控制，并且还可以设置各种情景模式，如定时开关灯、窗帘等，提高住宅的安全性。大数据与云计算的结合，将成为推动智能家居产业发展的重要推力。

4.4.5 政策扶持、理性推广普及

近年来，国家多次出台相关扶持政策以支持智能家居产业的发展。2011 年，工业和信息化部印发《物联网“十二五”发展规划》，首次把智能家居列入物联网发展的重要工程之一。

2013 年 9 月，发改委、工信部等 14 个部门共同发布《国家物联网发展专项行动计划》，明确将智能家居作为战略性新兴产业来培育发展，把“推动智能家居应用”列为 14 个重点任务之一，同时将智能家居列入 9 大重点领域应用示范工程中，并计

划在大众城市选择 20 个左右重点社区，开展 1 万户以上家庭安防、老人及儿童看护、远程家电控制，以及水、电、气智能计量等智能家居的示范应用。

除此之外，其他很多地区也密集出台了多个政策和规划以支持智能家居产业的迅速发展。例如，北京首批 50 个应用物联网技术的智慧社区已于 2013 年 6 月建成，并计划 2015 年覆盖 20% 的社区；深圳在 2013 年 7 月将 19 家企业、23 个项目作为 2013 年第二批“智慧社区”建设试点，并计划 2015 年底达到智慧社区覆盖 30% 的目标。截至 2016 年初，深圳累计已有 160 个小区作为智慧小区试点项目。

对于智能家居领域而言，政策的扶持与监管将改变现有的混乱局面。可以看出，虽然过程波折重重，但是智能家居未来的前途是光明的，希望各大企业能够以更为理性的方式推动智能家居产业的发展，让智能家居产业走上健康的道路，让人们真正理解智能家居的根本，从而爱上智能家居。

4.5 智能家居的营销渠道

随着科技的迅速发展，人们对高品质生活的追求越来越强烈，对舒适、智能、安全化生活越来越渴望，于是智能家居应运而生。

20 世纪 80 年代初期，智能家居首先在发达的欧美、日本等国家开始流行；90 年代初期，逐步延伸到东南亚、中国的港澳台地区；90 年代中期，中国其他地区也开始出现智能小区；90 年代末，智能小区、智能化建筑等开始迅猛发展，同时针对家庭的智能家居产品开始出现。智能生活逐渐进入人们的视线，成为时代发展不可阻挡的新潮流。

智能家居市场发展潜力是无限的，谁能抢占先机、占领市场，谁就能获得胜利。所以，如何更快、更好地营销智能家居是每一个智能家居营销商所要面临的最大问题。下面笔者根据全国各智能家居营销商的成功营销模式，将智能家居营销渠道总结为图 4-9 所示的 6 点。

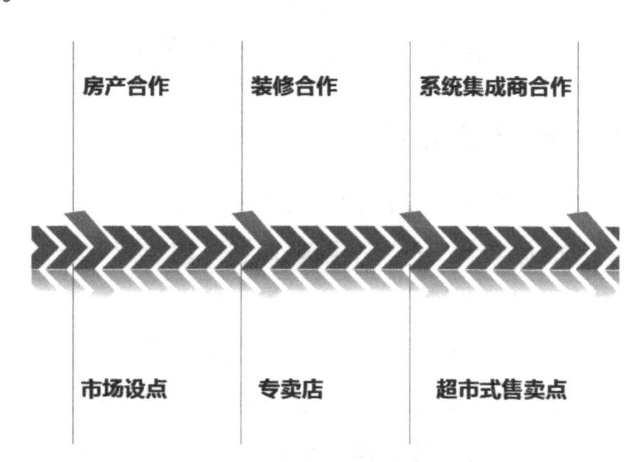

▲ 图 4-9　智能家居的营销渠道

4.5.1 与房产商合作

房产合作营销方式又分为 3 种，如图 4-10 所示。

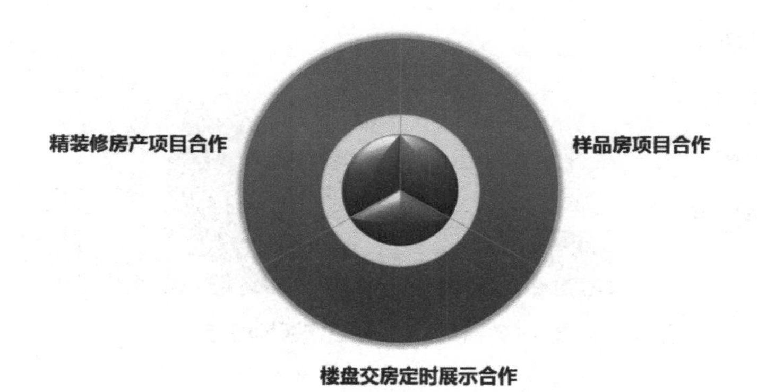

▲ 图 4-10 房产合作营销方式

1. 精装修房产项目合作

该合作营销方式主要是指针对那些高档的精装修房产项目，把智能家居这一块纳入房产预算中，并作为楼盘的卖点，吸引消费者的注意。这种销售方式，一般要在房产立项预算前进行，贷款结算方式为分期结算。其特点如图 4-11 所示。

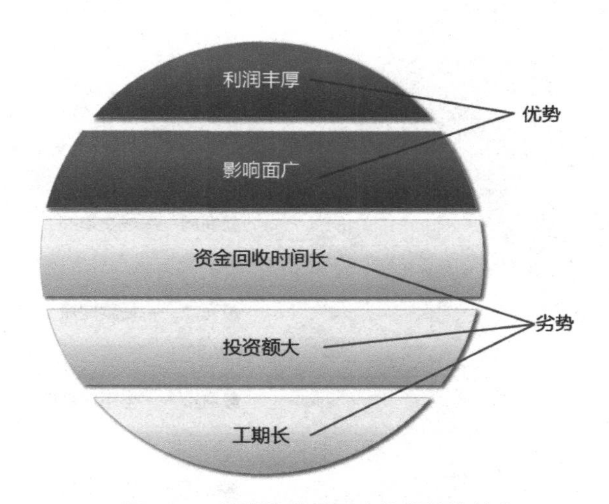

▲ 图 4-11 精装修房项目合作营销的特点

2. 样品房项目合作

该合作营销方式主要在房产楼盘造样板房时，智能家居企业可以跟房产商合作，将智能家居纳入样板房，作为宣传点和赢利点进行推广宣传。这种销售方式，一般在房产打桩时，就要立即考虑跟房产商的样板房合作事宜，结算方式一般是跟房产商分享利润或比例分享利润，与户主直接结算。其特点如图 4-12 所示。

▲ 图 4-12　样品房项目合作营销的特点

3. 楼盘交房定点展示合作

该合作营销方式主要是在楼盘准备交房给户主时，入住楼盘两至三个月内，在楼盘处悬挂展板等设点展示，演示智能家居产品的功能和效果，即抓住用户装修的高峰期，制造智能家居的赢利点。其结算方式是向房产商交场地费和月租费，跟户主直接结算。其特点如图 4-13 所示。

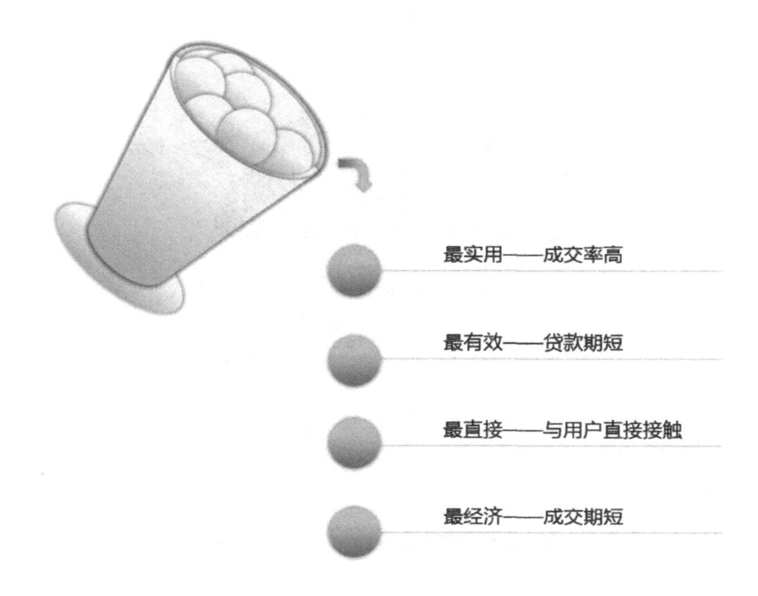

▲ 图 4-13　楼盘交房定点展示合作营销的特点

4.5.2 与装修公司合作

智能家居企业跟各装修公司合作，实行利润共享，由代理商来负责安装及售后服务；同时对各装修公司设计人员进行集中培训，而装修公司主要负责产品推荐。该销售模式的主要特点如图 4-14 所示。

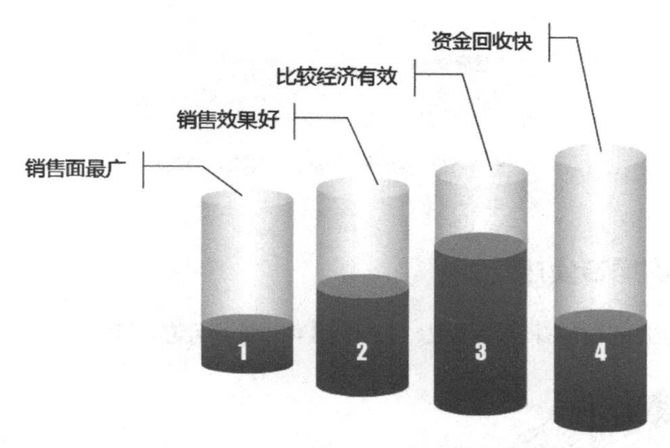

▲ 图 4-14 与装修公司合作销售的特点

> **专家提醒**
>
> 智能家居企业跟装修公司合作应注意员工的智能设计培训，培训内容包括智能家居特点、销售技巧和智能家居配置方案等。如果寻找到更多的装修合作伙伴，就能培训更多的智能家居设计师，这是最省力的销售方式。

4.5.3 与系统集成商合作

与系统集成商合作主要是寻找装修相关类的合作商，如一些安防产品销售商、建材销售商、电子产品销售商、电器灯具销售商等。对他们来说，智能家居产品既是一个可以系统集成配套销售的产品，又是一个赢利点，所以一般会有比较好的合作意向。这种销售方式的合作跟装修公司合作有点类似，其销售特点也和装修公司合作相似。

4.5.4 专业市场设点

专业市场设点销售方式是指通过在专业市场设点来宣传和销售智能家居产品，例如大型建材市场、灯具电器市场、专业电子市场等。这些市场面临的都是装修户，也就是说面对的都是准客户。该销售模式的特点如图 4-15 所示。

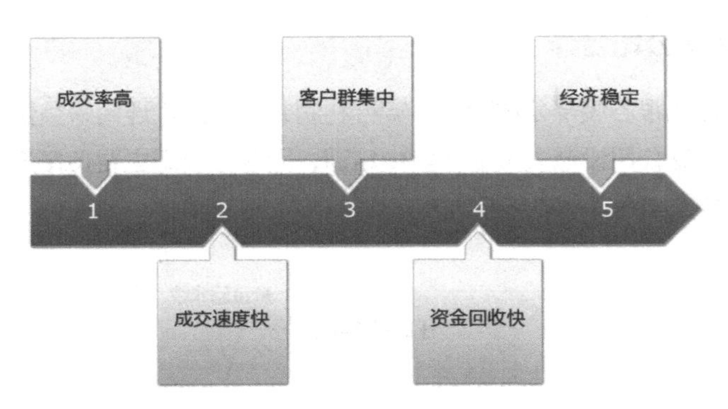

▲ 图 4-15　专业市场设点销售的特点

4.5.5　智能家居专卖店

通过设立专业的智能家居专卖店，具有图 4-16 所示的优势。

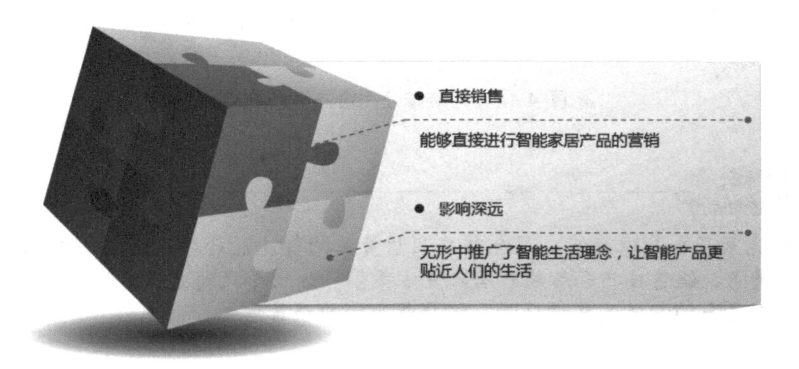

▲ 图 4-16　设立专业智能家居专卖店的优势

这种销售模式的特点如图 4-17 所示。

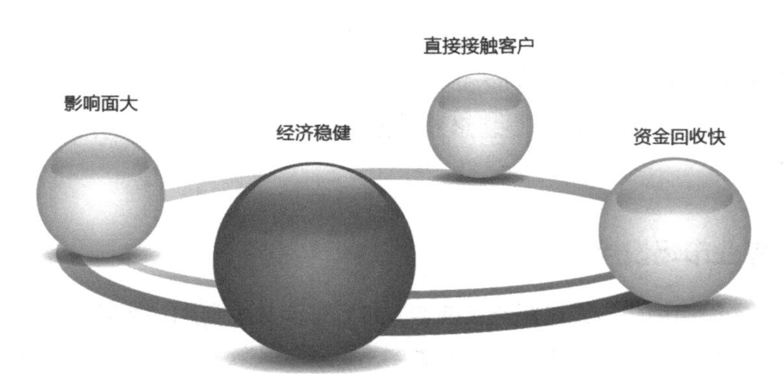

▲ 图 4-17　设专卖店销售的特点

4.5.6 超市式销售

当产品比较成熟后，可以通过超市等开铺式的销售门面来大量销售智能家居产品；在智能家居产品初期，可以通过演示和促销员的讲解来达到宣传的目的，让普通老百姓更直接地接受智能家居生活理念。这种销售模式的特点如图 4-18 所示。

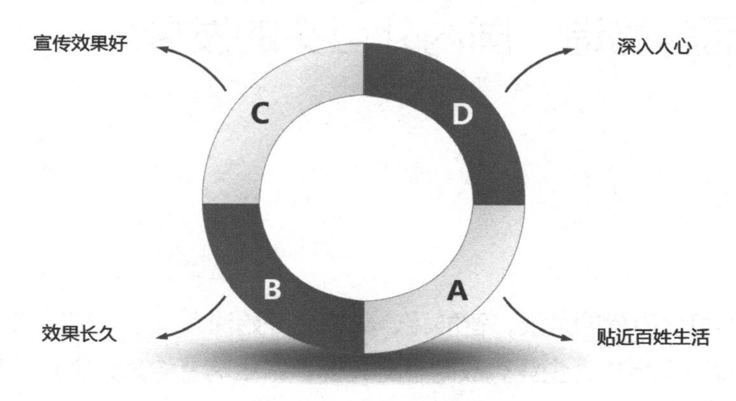

▲ 图 4-18　超市式销售的特点

第 5 章

品牌缔造，国内外巨头的发展

随着信息化时代的发展，智能化、数据化开始深入人心。新时代，优秀的品牌发展战略已经成为企业克敌制胜的关键。本章笔者将为大家介绍智能家居领域的四大巨头和国内外品牌企业的发展。

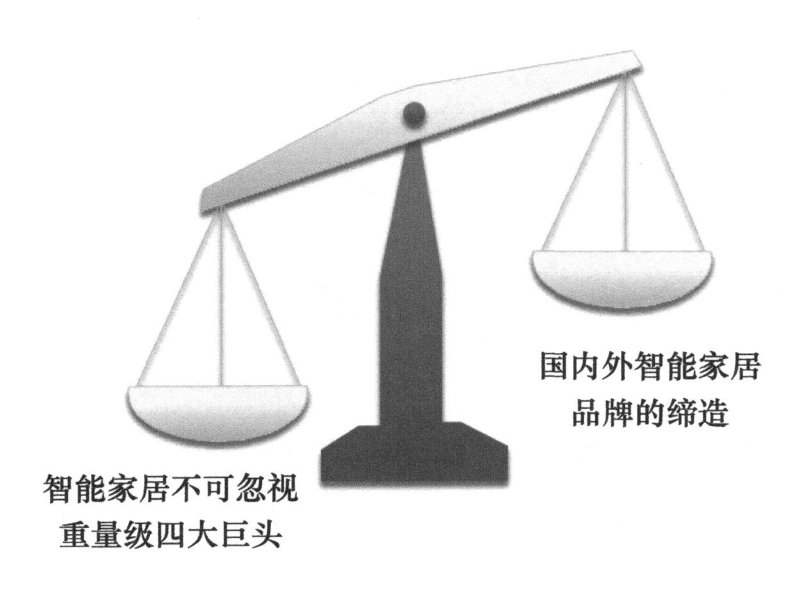

5.1 智能家居不可忽视重量级四大巨头

智能家居领域重量级四大巨头分别是：微软、谷歌、三星和苹果。图 5-1 所示为这四大巨头的品牌 Logo。这些重量级巨头在智能家居领域引领着潮流。下面笔者为大家介绍这四大巨头在智能家居领域的布局和变革。

▲ 图 5-1　微软、谷歌、三星和苹果四大巨头 Logo

5.1.1 谷歌：在实体世界的野心

谷歌是最早开始布局智能家居领域的巨头之一，当智能嵌入式系统让家庭设备之间产生互动，并让使用者在智能设备上通过无线的方式对家庭电子设备进行控制的时候，拥有世界上最大的互联网搜索引擎和移动操作系统 Android 的谷歌公司，在 2011 年就提出了 Android @ Home 智能家居计划，如图 5-2 所示。

▲ 图 5-2　谷歌的 Android @ Home 智能家居计划

该计划主要是让用户通过 Android 手机或平板电脑等 Android 设备控制家用电器，这种以 Android 系统为核心控制中枢，将 Android 手机变成遥控器，用来遥控包括照明灯、洗碗机、落地灯或喷水器等在内的任何用户想要遥控的东西，从而实现家居智能化的理念吸引了很多粉丝的关注。

对家中的电子设备进行统一的远程管理及控制的概念并非谷歌提出的，早在 1992 年，美国已有公司推出智能家居的相关产品及设计。而 IBM 高层人士也表示，对于智能家居的发展而言，目前最重要的不是技术问题，而是商业模式的改变和成熟的智能家居方案。时至今日，随着智能设备的普及以及消费者对智能设备应用的依赖，推出智能家居方案更能够迎合硬件生产厂商和消费者的需求。

谷歌的这项 Android 设备控制家电的技术称作 Android @ Home。如果将该技术嵌入家电产品或照明灯里，它们就可以与 Android 手机或平板电脑进行无线通信，就像蓝牙耳机跟手机进行无线通信一样。虽然 Android 的家庭产品计划仍处于规划阶段，但谷歌的 Android @ Home 平台已经将电灯、咖啡机和更多的设备装入其中。除此之外，谷歌还计划把视野投向更宽广的互联网世界。

Android @ Home 采用基于 IEEE 802.15.4 标准的低功耗个域网协议的 ZigBee 技术，其标准功率下可满足 100 米范围内的信号覆盖，并拥有三级安全模式，以防止非法获取数据；并且 ZigBee 技术采用了免执照频段，因此能够在世界各国得到应用。其主要特点如图 5-3 所示。

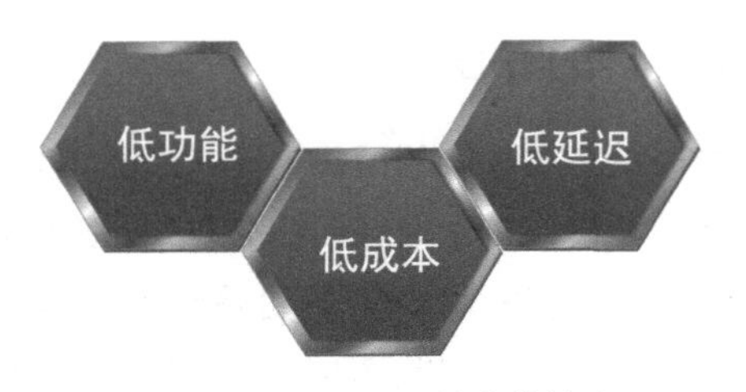

▲ 图 5-3　ZigBee 技术的特点

谷歌同时还收购了摩托罗拉公司，由于该公司收购了为消费者提供室内控制服务技术的 4Home 公司，因此 4Home 公司的方案、技术及对移动平台良好支持的特点都会被 Android @ Home 吸收。图 5-4 所示为 4Home 公司为谷歌公司提供的服务应用。

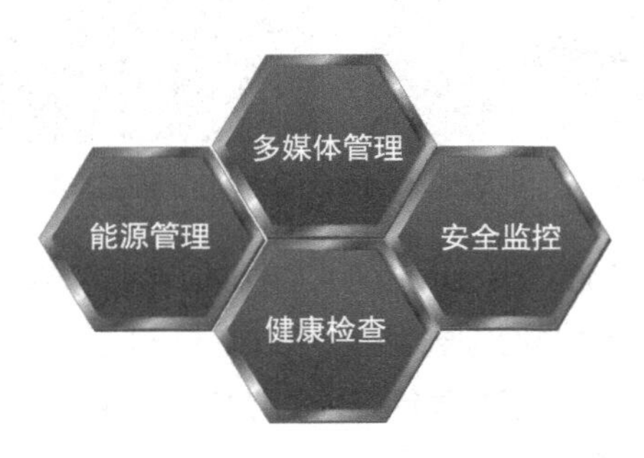

▲ 图 5-4　4Home 公司为谷歌公司提供的服务应用

与此同时，谷歌还开放了 Android 的研发工具箱，以方便硬件开发商为 Android 平台开发各种硬件配件，比如耳机产品、游戏控制器或健身器材等虽然软硬件厂商已经可以合作开发彼此协作的产品，但是现在依然没有形成一种简单和标准的合作模式。

Android @ Home 除了能够提高用户的生活效率之外，对家庭植物也会有很好的照顾，如 Android @ Home 可以支持用户设定时间启动灌溉系统。

2014 年，谷歌花了 32 亿美元完成了对 Nest 的收购。该交易是谷歌历史上规模第二大的收购项目，仅次于 2012 年收购摩托罗拉的 125 亿美元规模。与摩托罗拉的交易标志着谷歌首次涉足硬件领域，而收购 Nest 则给谷歌带来进军一个重要新市场的跳板。

随后，谷歌又收购了 Dropcam 和 Revolv，第一家是 Wi-Fi 摄像头厂商，第二家是智能家居平台开发商。收购这两家智能家居创业公司，让谷歌在家居市场上的份额进一步扩大，同时也让 Android @ Home 迈出了更坚实的一步。

未来，谷歌在布局智能家居领域时，还会优先在智能家居、智能家居硬件、可穿戴设备及智能汽车等方向上发展和延伸，特别是 Google Glass 和 Android Wear 等智能穿戴设备方向上。图 5-5 所示为谷歌智能穿戴设备 Google Glass；图 5-6 所示为谷歌 Android Wear。

▲ 图 5-5　谷歌智能穿戴设备 Google Glass

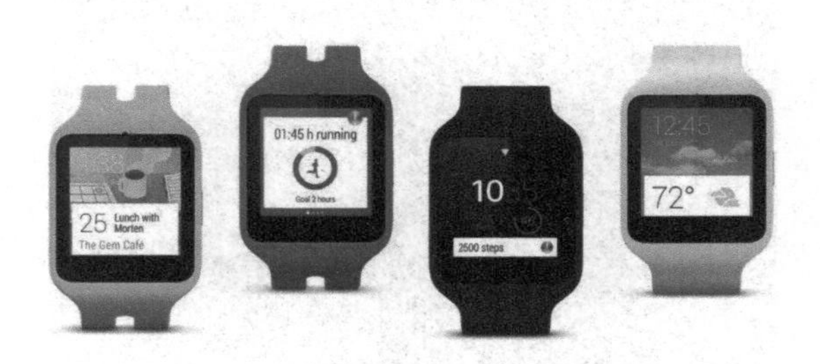

▲ 图 5-6　谷歌 Android Wear

5.1.2 微软：与家居技术提供商 Insteon 合作

很久以前，嗅觉敏锐的微软就已经在智能家居领域有所尝试和思考。1999 年，微软发布了一段简短的视频，如图 5-7 所示。这段 6 分钟的视频展示的是一家人在未来的物联网家庭中进行交互的场景，视频中大多数关于未来智能家庭的构想都已实现，比如基于地理位置的应用、声音识别、家庭中房间与房间之间的互联、智能节温器、智能门锁系统等。同时微软还斥资十多亿美元在全球推展“维纳斯计划”，尽管这个项目举世闻名，但是由于当时的产品、技术水平、人们的消费习惯等整个行业环境并不是特别成熟，所以项目很快被搁浅，最后无疾而终。

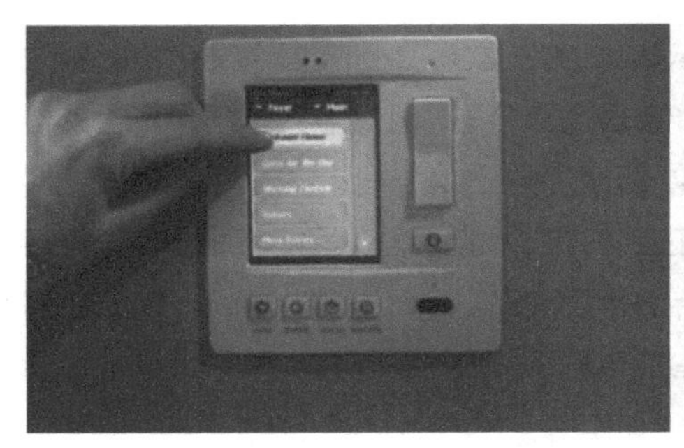

▲ 图 5-7　1999 年微软对智能家居生活构想的视频

然而，微软并没有放弃智能家居这条道路。2013 年，微软发布了新一代游戏主机 Xbox One，如图 5-8 所示。Xbox One 能从全球范围内的服务器向用户推送内容，同时比其他任何系统更快、更流畅地提供互联网电视体验。而微软互动娱乐部门首席产品官马克 · 威顿（Marc Whitten）提道：Xbox One 的未来在很大程度上依赖于被称作“Home 2.0”的平台。在 Home 2.0 的推动下，Xbox One 将不仅仅是一款客厅游戏娱乐设备，还将成为物联网的家庭网关，将家中的照明和家电等设备联系在一起。

▲ 图 5-8　微软游戏设备 Xbox One

而 2014 年 5 月，微软宣布与家庭自动化设备制造商 Insteon 建立伙伴关系，并计划把家庭自动化网络充分整合到自己的生态圈当中，同时把智能家居并入生产范围，如图 5-9 所示。

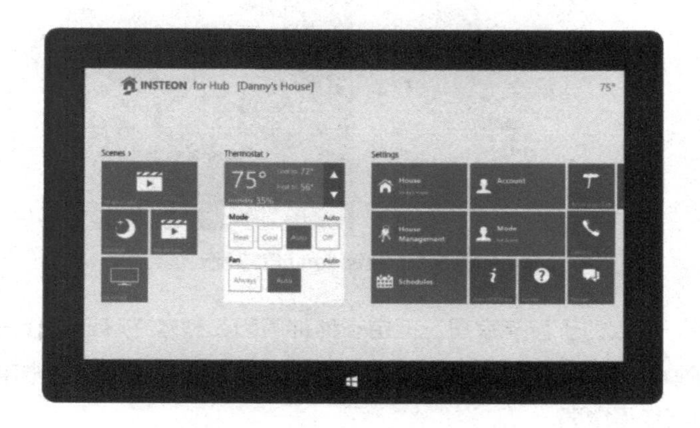

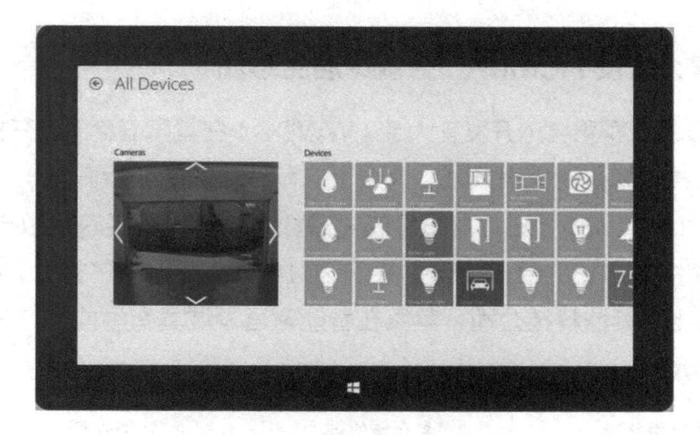

▲ 图 5-9　微软智能生活生态圈

Insteon 是一家位于美国加利福尼亚州的家庭自动化技术提供商，它开发的产品包括超过 200 款传感器、交换器、摄像头，以及监控和自动化家庭设备的其他设备等。其网络整合了现有电源管线接口的无线电频率，能够提供快速的、可靠的双频段连接。除此之外，Insteon 还能控制特定的第三方设备，包括 Nest 的智能温度调节装置等。

与微软建立合作后，Insteon 在 2014 年 6 月推出一款加强版 Insteon 应用。这个新版本 Insteon 应用为 Windows 操作系统推出的独家功能，将包括完整的 Live Tile 一体化，能够在 Windows Phone 8 设备及搭载 Windows 8.1 操作系统的平板电脑、笔记本电脑或台式机上运行。除此之外，Insteon 的产品还将出现在微软零售店的货架当中，包括单独 Insteon LED 灯泡，如图 5-10 所示。另外，还包含 Insteon Hub 和精选的外设设备的整个智能家居套装。

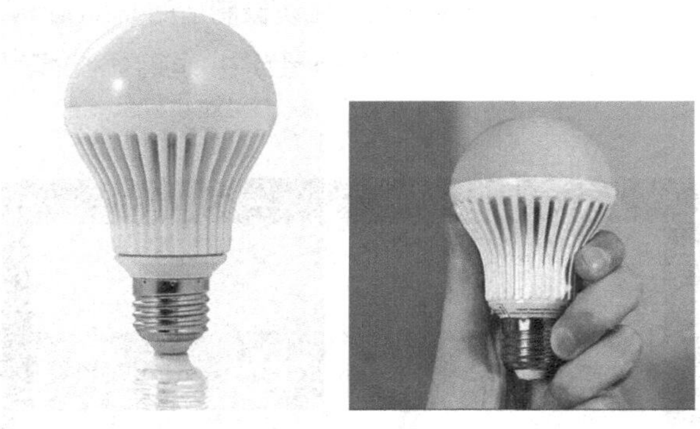

▲ 图 5-10　Insteon LED 灯泡

虽然微软一直致力于智能家居，但由于种种原因，微软在移动时代已经明显落后于苹果和 Google。如果不能找到更符合自身发展的智能家居道路，未来微软在智能家居上的胜算将变得微弱。

5.1.3　苹果：建设 HomeKit 智能家居生态圈

2014 年 6 月，苹果全球开发者大会（WWDC）在美国旧金山拉开帷幕，同时也标志着苹果正式进军智能家居领域。大会上，苹果公司向全世界亮出了自己的智能家居平台 HomeKit。HomeKit 发布后的短短数月，苹果已经获得数十家致力于把 HomeKit 配件推向市场的合作伙伴。并于 2014 年 7 月上市了首批 HomeKit 智能家居产品。相比于其他科技公司，苹果在智能家居领域具有哪些优势呢？具体优势如图 5-11 所示。

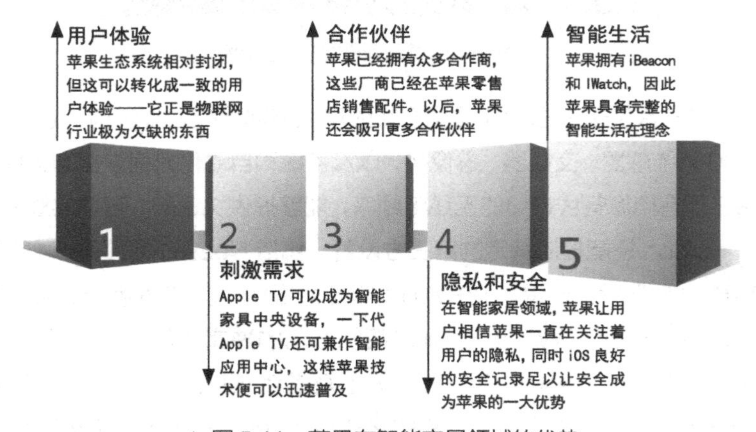

▲ 图 5-11　苹果在智能家居领域的优势

正是由于这些优势，苹果的智能家居才符合人们的心理预期。从 2014 年 10 月公布的 17 家 HomeKit 合作商来看，苹果已经通过 HomeKit 实现了对合作者各类设备的兼容。HomeKit 的构思很简单：建立一套标准，让智能家居设备可以方便地通过苹果设备和语音助手 Siri 进行控制。下面笔者为大家介绍一下市面上有哪些支持 HomeKit 平台的优秀产品。

1. Elgato Eve Room 智能家居传感器

Elgato Eve Room 是一款智能家居传感器，售价 80 美元，支持 HomeKit 平台，因此用户能够通过 Siri 查看精确的室内温度、湿度和空气质量等数据，如图 5-12 所示。其缺陷是不支持提醒或推送通知，且不能将获取的数据用于室内的其他设备。

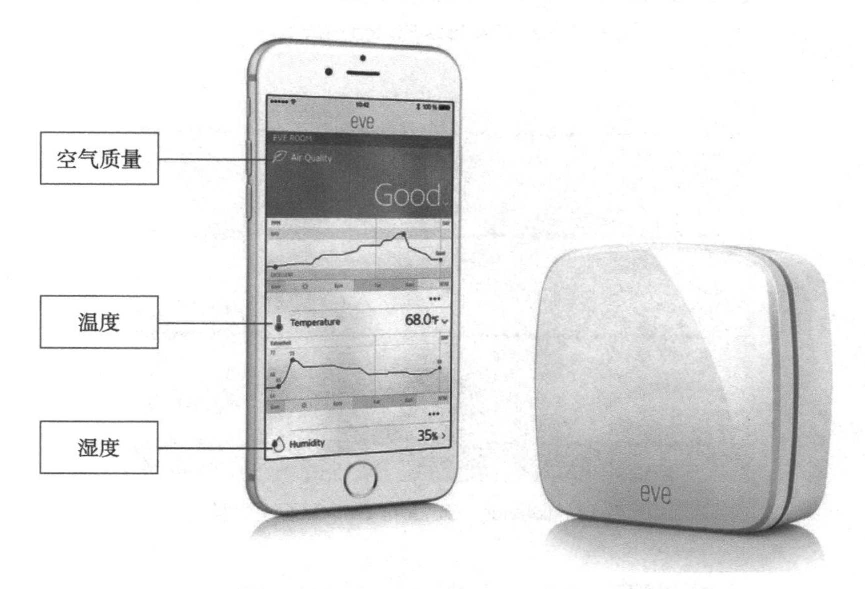

▲ 图 5-12　Elgato Eve Room 智能家居传感器

2. iDevices Switch 智能插座

智能家居的核心功能之一便是自动开启和关闭设备，iDevices Switch 智能插座就是这么一款设备，如图 5-13 所示。无论在这款插座上连接的是什么设备，用户都能通过 Siri 或其他兼容 HomeKit 的设备打开和关闭电源。

3. iDevices Outdoor Switch 智能插座

iDevices Outdoor Switch 是 iDevices 旗下设计的一款针对室外环境照明控制及监控功率的智能插座，如图 5-14 所示。当人们去度假时，就可以通过它来控制房屋周围的照明设备；同时，这款设备还将监控这些灯的功耗率。

▲ 图 5-13　iDevices Switch 智能插座

▲ 图 5-14　iDevices Outdoor Switch 智能插座

4. iHome iSP5 智能插座

相比于 iDevices Switch，iHome iSP5 智能插座更加实惠，如图 5-15 所示。虽然它的功能不如 iDevices Switch 强大，配套的应用也不是很好用，但假如用户只想要一个能够自动打开和关闭风扇的插座，这款设备会是个不错的选择。

5. Insteon Hub Pro 智能家居控制中心

苹果 HomeKit 虽然是以用手机取代传统的、以控制中心为核心的智能家居体系为目标，但是它并没有阻止一些厂商推出支持 HomeKit 的控制中心。Insteon Hub Pro 就是 Insteon 公司在原有产品基础上推出的“HomeKit 版”控制中心，如图 5-16 所示。通过 Insteon Hub Pro 控制中心，用户可以将室内其他的 Insteon 设备整合到 Homekit 平台中。

▲ 图 5-15 iHome iSP5 智能插座

▲ 图 5-16 Insteon Hub Pro 智能家居控制中心

6. Ecobee3 智能恒温器

智能恒温器在智能家居产品中非常受欢迎，Nest 就是依靠恒温器取得了成功。而目前支持 HomeKit 平台的恒温器是 Ecobee 公司生产的产品 Ecobee3，如图 5-17 所示。Ecobee3 智能恒温器配备了精美的触摸屏，远程传感器让它能够监控远离恒温器范围内的温度。

7. Lutron Cas é ta 无线照明套装

Lutron 是一家很早就支持 HomeKit 平台的厂商。Lutron Cas é ta 套装包含了控制中心、两个插入式调光器和两个遥控器，如图 5-18 所示。有了它，用户就可以通过 Siri 打开、关闭和调节灯光的亮度。

8. 飞利浦 Hue 2.0 智能灯泡

飞利浦 Hue 系列一直以来都是智能家居领域的热门产品，这家公司除了支持

HomeKit 平台以外，还在努力让这系列智能灯泡兼容更多的平台。目前，购买一套全新 Hue 2.0 的价格为 199 美元（约合人民币 1263 元），飞利浦 Hue 2.0 智能灯泡如图 5-19 所示。

▲ 图 5-17　Ecobee3 智能恒温器

▲ 图 5-18　Lutron Cas é ta 无线照明套装

▲ 图 5-19　飞利浦 Hue 2.0 智能灯泡

9. Schlage Sense 蓝牙门锁

Schlage Sense 蓝牙门锁可以通过 Siri 来控制门锁，如图 5-20 所示。但由于这款设备是通过蓝牙作为连接方式的，因此控制范围有限。如果用户想要实现远程开门关门，则需要购买 Apple TV 作为互联网桥接设备。

▲ 图 5-20　Schlage Sense 蓝牙门锁

等智能家居单品支持苹果的 HomeKit 后，iOS 用户就可以通过 HomeKit 平台结合 Siri 区操控智能家居设备。未来，HomeKit 还可能开放给第三方 APP。同时苹果的 HomeKit 项目有权决定有多少产品可获得 iOS 的认证，获得认证的标准一般是根据明确定义的产品种类以及这些产品所具备的功能。跟之前的无线家居自动化技术的项目 ZigBee 和 Z-Wave 相比，HomeKit 平台让产品之间的互动更加稳定和可靠。

5.1.4　三星：收购 SmartThings 拓展智能家居平台

2014 年，三星电子以 2 亿美元收购智能家居平台 SmartThings，来完善自己在智能家居领域的整体布局，如图 5-21 所示。

▲ 图 5-21　三星收购 SmartThings

三星拥有强大的软硬件产业链能力，其硬件、渠道和市场等综合实力让它在智能化领域占据着很高的起点。三星已经在物联网领域押下重注，推出了属于自己的智能电视、智能洗衣机、智能冰箱等多种智能家居产品。三星希望在智能家居开放平台 SmartThings 的帮助下，未来能够实现所有公司的设备联网。

SmartThings 公司是一个基于物联网思维的开放性平台，允许用户将灯、门锁等设备连接至一个由手机控制的系统，如图 5-22 所示。被三星收购后，SmartThings 公司将加入三星的“开放创新中心”中，并将以之前的模式面向社区客户、开发人员和设备制造商继续运行 SmartThings 平台。

▲ 图 5-22　SmartThings 平台

在 2015 年 CES 展览上，三星联合 CEO 兼总裁尹富根提道：三星通过 SmartThings 建立的所有产品都是开放的，并能与其他产品兼容；同时承诺：到 2017 年，三星 90% 的产品都将实现联网，5 年内三星所有类别产品有望全部实现联网。信息技术研究和分析公司 Gartner 的分析师曾预测：到 2020 年，联网设备数量将从 2009 年的 9 亿部增加到 260 亿部，以前的产品将变得智能化，它们之间可以互相交流。

SmartThings 的技术可帮助用户通过他们的智能手机、智能手表以及其他设备控制电器产品。因此，SmartThings 已被视为三星智能家居和物联网计划的关键。

5.2　国内外智能家居品牌的缔造

智能家居成为各大企业的下一个风口，企业在寻找新的契机、新的增长点，创业者在寻找新的创业机会，资本和媒体在智能家居的背后助推，他们共同打造了未来成熟的智能家居的起点。本节笔者为大家介绍国内外智能家居品牌榜。

5.2.1 海尔：要做价值交互平台

海尔集团在信息化时代推出的一个重要业务单元就是智能家居，如图 5-23 所示。

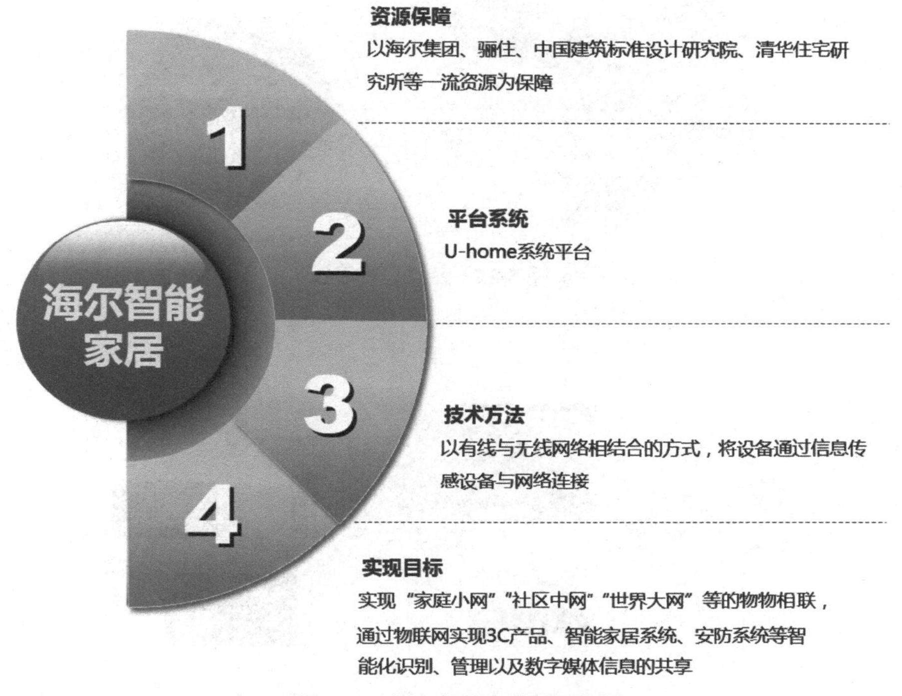

▲ 图 5-23 海尔智能家居单元体系

可以说，海尔在智能家居领域的探索和布局已经走在国内各企业的前端。作为智能家居产业的领导者，海尔颇具前瞻性地推出了全球第一个全交互性的智慧生活平台——海尔 U+ 平台，如图 5-24 所示。

该平台旨在建立统一的智慧协议标准，为用户提供空气、水、食品、娱乐及安全、健康、美食、洗护等生活元素一站式的智慧生活解决方案。目前，海尔 U+ 平台接入的智能产品品类已经超过 100 种。2015 年 3 月份，海尔 U+ 智慧生活 APP 正式发布，如图 5-25 所示。

海尔 U+ 智慧生活平台为用户定制智能家居生活的集中入口，用户可以通过这一入口随时对自己的智能生活需求和智能家居进行设置和操控。不仅如此，海尔 U+ 智慧生活 APP 还面向全生态圈进行开放，和各大合作厂商一起实现在智慧生活时代的共赢。海尔 U+ 智慧生活 APP 的主要服务体系如图 5-26 所示。

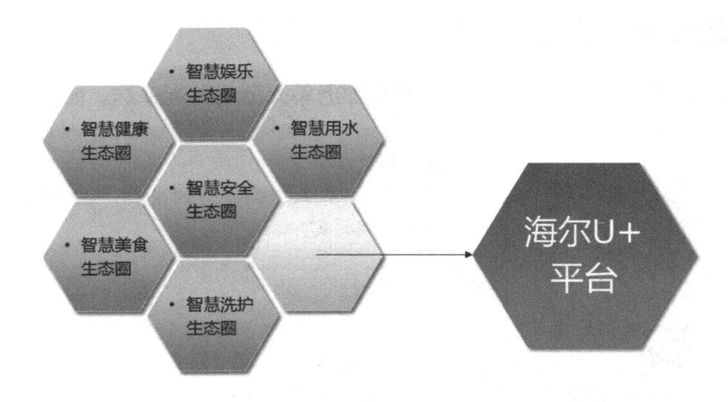

▲ 图 5-24　海尔 U+ 平台

▲ 图 5-25　海尔 U+ 智慧生活 APP

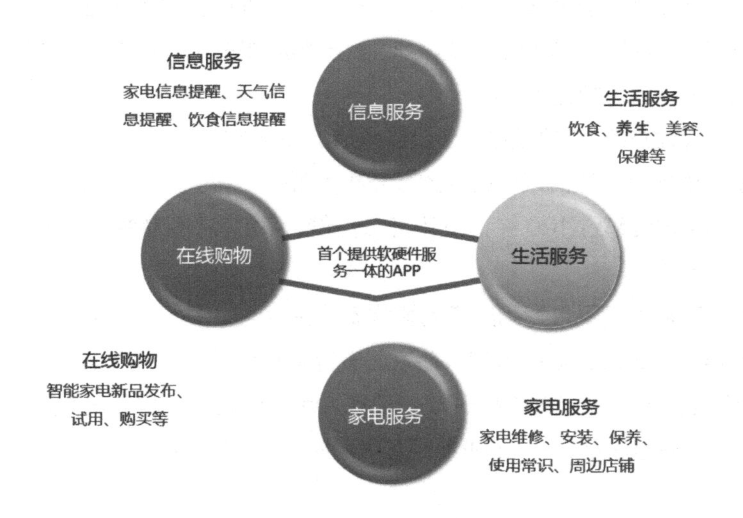

▲ 图 5-26　海尔 U+ 智慧生活 APP 服务体系

海尔公司先后建立了强大的 U-home 研发团队和世界一流的实验室，拥有包括近 20 名博士在内的高素质智能家电专业设计团队，从事智能家电、数字变频、无线高清、音视频解码、网络通信等芯片以及 UWB、蓝牙、RF、电力载波等技术的研发。海尔公司主要以提升人们的生活品质为己任，提出了“让您的家与世界同步”的新生活理念，不仅仅为用户提供个性化的产品，还面向未来提供多套智能家居解决方案及增值服务。U-home 就是一个具备系统整合功能的智能家居解决方案，如图 5-27 所示。

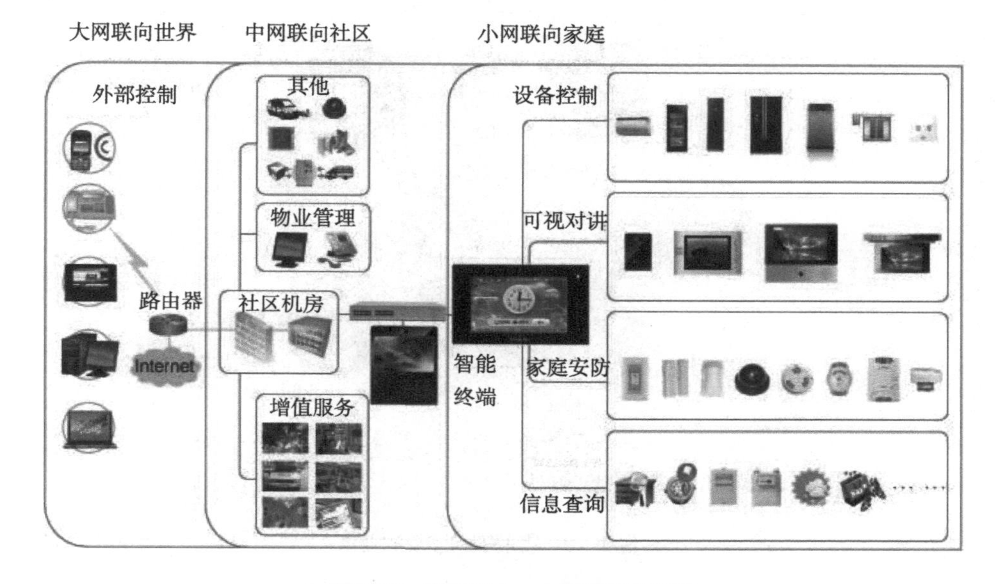

▲ 图 5-27　海尔 U-home 智能家居方案

不仅如此，海尔还与多家国际知名企业建立联合开发试验室，提出了智能家居、远程医疗、网络超市、故障反馈、智能安防、智能酒店等多项解决方案。凭借自身在各方面的实力和影响力，海尔一直跻身于智能家居行业前端。

5.2.2　霍尼韦尔：提高一站式智能家居方案

霍尼韦尔国际 (Honeywell International) 是一家营业额达 300 多亿美元的多元化高科技和制造企业，如图 5-28 所示。在全球，其业务涉及图 5-29 所示的几方面。

霍尼韦尔是一家从事自控产品开发及生产的国际性公司，成立于 1885 年。1996 年，霍尼韦尔被美国《财富》杂志评为最受推崇的 20 家高科技企业之一。公司在多元化技术和制造业方面处于世界领导地位，其宗旨是以增强舒适感、提高生产力、节省能源、保护环境、保障使用者生命及财产从而达到互利增长。

Honeywell

霍尼韦尔

▲ 图 5-28　智能家居专业品牌：美国霍尼韦尔

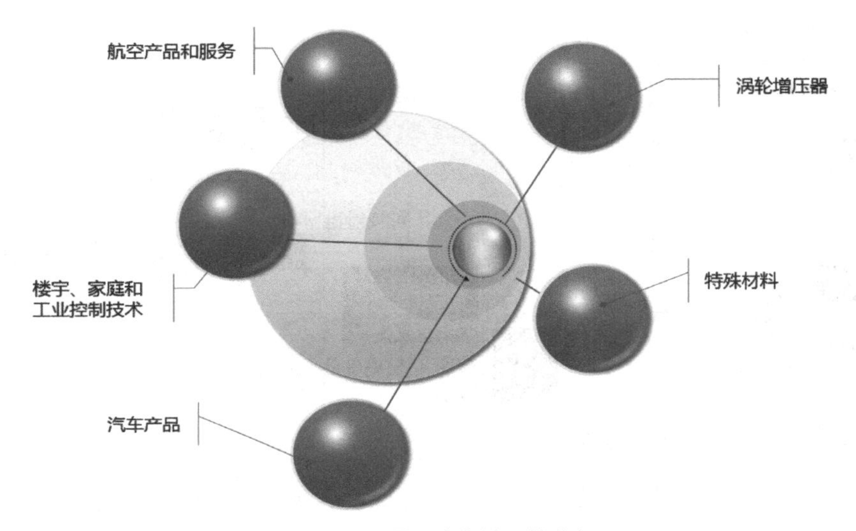

▲ 图 5-29　霍尼韦尔涉及的业务

霍尼韦尔致力于为广大客户提供高价值的产品和创新型技术，主要为全球的楼宇、工业、航天及航空市场的客户服务。公司拥有多种专利的产品，为自身及客户带来了竞争优势。以客户为中心的工作方针确保公司与客户之间有着频繁的互动和简易的流程，并以此获得最大效率和最佳绩效。

霍尼韦尔公司以诚信的态度、优质的产品、精湛的服务和客户至上的原则，一步一个脚印地将其各个部门的顶尖技术和产品带到中国。如今，霍尼韦尔的创新技术又将这一理念全面带入了人们的家庭。

霍尼韦尔智能家居系统主要是致力于向用户提供“一站式系统解决方案”，是一个基于以太网平台的，集安全、舒适、便利于一体的住宅智能化系统。它将所有的家电、灯光、温度调节、安保、娱乐等各种环境控制设备通过家庭网关连成一体，真正实现了家庭信息和控制的网络化；在为人们创造全新智能空间的同时，还使人们的生活更加轻松便捷，如图 5-30 所示。

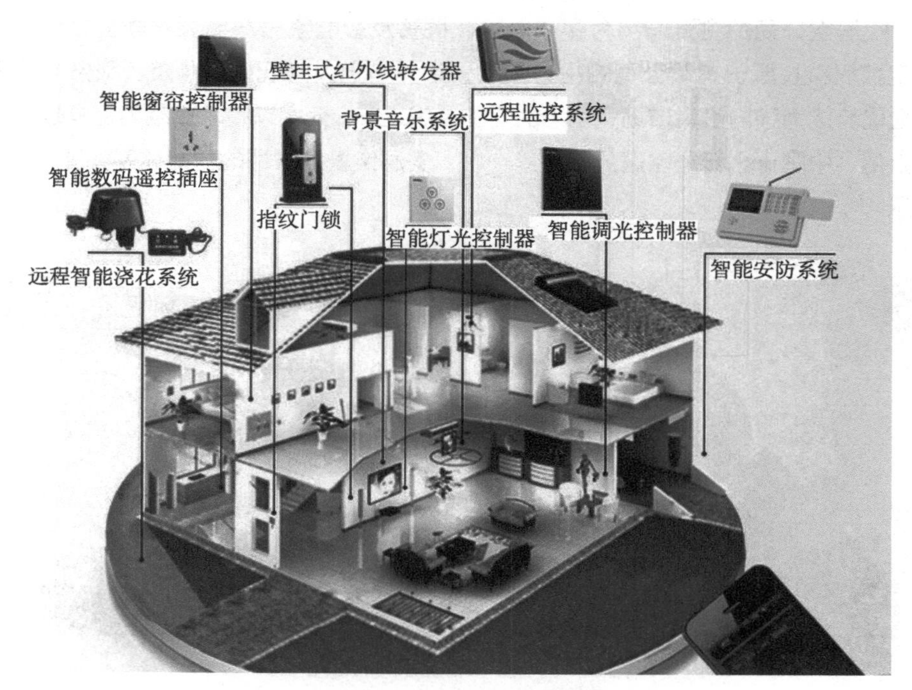

▲ 图 5-30　霍尼韦尔的智能家居方案

5.2.3　安居宝：以综合优势打造智能安防品牌

广东安居宝数码科技股份有限公司是一家集研发、生产、销售、服务于一体的高科技企业，如图 5-31 所示。

▲ 图 5-31　智能家居专业品牌：安居宝

公司位于广州市高新技术核心基地广州科学城，致力于打造国内规模最大的智能家居产业基地，目前在全国各地建立了 40 家直属分公司。

安居宝公司的主要产品为楼宇对讲、报警及智能家居产品。安居宝是广东安居宝数码科技股份有限公司的主打品牌，它凭借强大的规模、科技、服务与品牌综合优势成为国内最具市场竞争力的安防品牌之一。公司以追求卓越为经营理念，曾获得“中国十大智能家居品牌”第一名。安居宝智能家居的智能体系如图 5-32 所示。

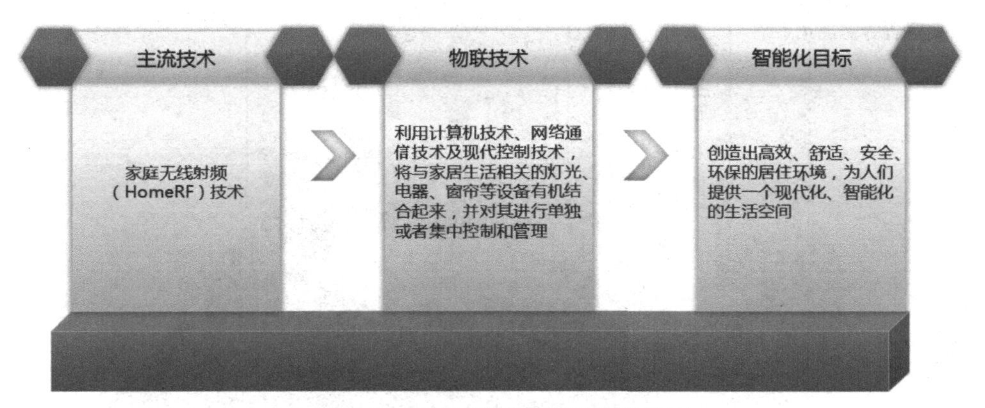

▲ 图 5-32　安居宝智能家居的智能体系

家庭无线射频技术是一种采用无线电波传输信号的家庭网络无线互联技术，是在家庭范围内的任何地方、在电脑和用户电子设备之间实现无线数字通信的开放性工业标准，由美国的微软、英特尔、惠普、摩托罗拉和康柏等公司共同研发。

安居宝的智能家居无须重新布线，直接利用家庭无线射频技术即可实现对家电和灯光的控制。其传输方式采用“混合模式”，即小区与外界通过光纤联网、采用数字传输的方式，而小区内部户与户之间的联网则采用总线传输的方式，这样就大大降低了成本。除此之外，该技术的安装设置也非常方便，并且系统的功能十分强大，控制方式灵活且技术比较成熟，不易受周围无线设备环境及阻碍物的干扰。无论是新装修户，还是已装修户都可以安装。

安居宝智能家居的性能稳定还在于他们在架构的设计上采用了嵌入式，同时也得益于其十分深厚的智能家居经验、技术。早在 2003 年，安居宝就解决了数字化传输的问题；2004 年便将其移植到了可视对讲数字社区，并在之后的几年时间里进行了长时间的实践检验。

要想立足于国内智能家居领域，就要着眼于小区建筑，安居宝的战略就是提出智能小区智能项目的解决方案，如楼宇对讲系统。图 5-33 所示为安居宝对讲系统产品。安居宝智能家居终端既是可视对讲的一个分机，又是智能家居控制器和网关；它不仅具备智能家居的智能控制功能，而且还与可视对讲相关联。其最大的特点是通过网络化传输将住户与物业管理中心联通，当家中出现特殊情况时，物管中心可以直接接收到信号，并及时派人前去处理，使家中的监控、报警等需求有了联动效应。

▲ 图 5-33　安居宝对讲系统产品

5.2.4　上海索博：不断创新成就品牌

索博（SUPER）是美国 Smart Home、荷兰 Marmitek、阿根廷 X-tend、德国 Ruvitec 等 20 多家全球著名智能家居生产商的指定工厂，如图 5-34 所示。

▲ 图 5-34　智能家居专业品牌：索博

上海索博智能电子有限公司是国际型智能家居专业生产企业，拥有亚洲最大的智能家居研发中心，也是最早将荷兰 PLC-BUS 及美国 X10 等成熟智能家居产品引入国内的智能家居龙头企业。从 2004 年至今，它连续多年被评为“智能家居十大品牌”。

索博是世界智能家居为数不多的集标准智能家居协议与产品生产于一体的企业之一，拥有全球性的业务和影响力，因在智能家居和电力线通信领域的不断创新和领导地位而闻名世界。在智能家居未来蓝图的激励下，索博致力于帮助人们实现简捷而智能的家居设备，通过向消费者提供产品、体验、强大的销售网络和全方位的服务来实现这个目标。

索博是一个典型的具有实体的公司，也是一个具有创新性的技术型企业，拥有完全的自主知识产权的产品多达 200 余种。因此索博能够提供 24 小时的软件改进和 48 小时的硬件改进方案，对于返厂产品的售后实行 7 个工作日快修服务。

索博智能家居系统拥有两种不同的智能控制技术，所涵盖的产品涉及的范围非常广泛，如图 5-35 所示。

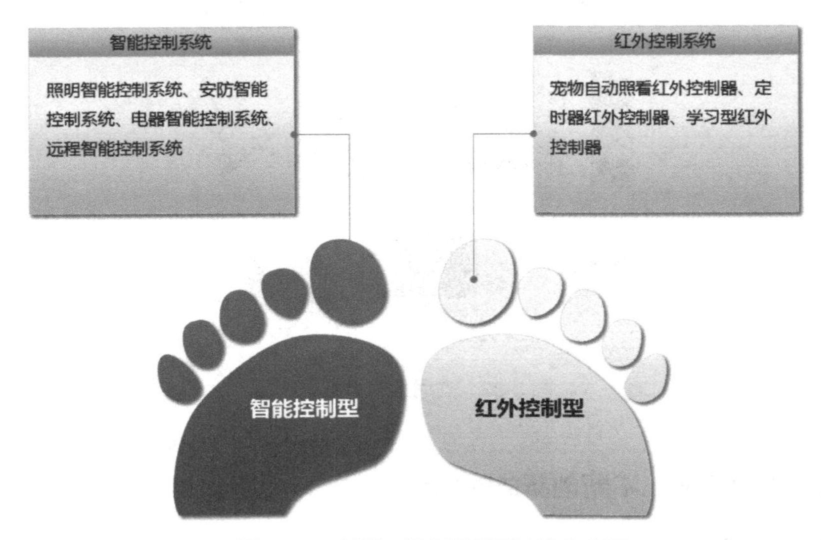

▲ 图 5-35　索博智能家居系统涉及的范围

索博不断创新的产品力让其发展逐步壮大至今。除此之外，索博还拥有自己强大的研发团队，以及完善的产品售后跟踪体系，这都为索博的产品能够远销全球各地奠定了坚实的基础。

5.2.5　Control4：拥有完整的控制系统产品

美国 Control4 科技有限公司成立于 2003 年 3 月，总部位于美国犹他州盐湖城，是一家专业从事智能家居产品的研发、生产、销售的知名企业，如图 5-36 所示。Control4 目前在全球 50 多个国家和地区都设有经销商和办事机构。

▲ 图 5-36　智能家居专业品牌：美国 Control4

Control4 的主要技术是 ZigBee 无线通信技术。ZigBee 是一种无线数传网络，类似 CDMA 和 GSM 网络。ZigBee 无线数传模块类似移动网络的基站，通信距离支持无限扩展，这种技术目前被广泛用于自动控制和远程控制领域。ZigBee 设备之间可以互相转发信号，每一个设备都是信号的发射端和接收端。

Control4 脱胎于快思聪有限公司，但早已超越了对方。Control4 将功能的演进依托于一套不断升级完善并发展的软件系统，改变了传统智能控制产品乏味单调的功能，从而在智能家居领域获得了不一般的成功。

Control4 提供一整套有线、无线系列控制产品，先进的连接和控制方式让工程施工人员可以在短短的几个小时内，将整套系统调试完成；同时模块化的产品可满足用户的不同需要，用户可以轻松定制 Control4 系统，以适应自己独特的生活方式。Control4 通过对 ZigBee 工业自动化无线传输和自组网技术的成功家庭化应用，使得智能化控制系统终于可以简单地安装和扩展。

5.2.6 小米：智能家居领军企业

小米公司正式成立于 2010 年 4 月，是一家专注于智能产品自主研发的移动互联网公司，如图 5-37 所示。小米手机、MIUI、米聊是小米公司旗下三大核心业务，小米公司首创了用互联网模式开发手机操作系统、“发烧友”参与开发改进的模式。

▲ 图 5-37 小米企业

小米在智能家居领域的布局与小米路由器有着密不可分的关系。小米路由器的产品定义：第一是最好的路由器，第二是家庭数据中心，第三是智能家庭中心，第四是开放平台。而从路由器第一次公测时标榜的“最好的路由器”到第三次公测时获得的“玩转智能家居的控制中心”称号中，我们看到了小米路由器已经渐渐实现了其最初的产品定义。

小米在智能家居领域的发展历程从 2013 年开始：2013 年 11 月，小米路由器正式发布；2014 年 5 月，小米电视 2 正式发布；2014 年 10 月，小蚁智能摄像机、小米智能插座、Yeelight 智能灯泡、小米智能遥控中心等 4 款智能硬件发布；2014 年 10 月，小米智能家庭 APP 正式推出；2014 年 12 月，小米空气净化器正式发布；2014 年 12 月，小米与美的集团达成战略合作协议，正式入股传统家电企业，如图 5-38 所示。

▲ 图 5-38　小米和美的合作

2015 年，小米在智能家居领域有了更频繁的动作：2015 年 1 月，在小米年度旗舰发布会上，小米智能芯首次亮相，同月小米智能家庭套装也正式发布，如图 5-39 所示；2015 年 5 月，小米智能家居与正荣集团达成合作，并将合作项目落户在苏州幸福城邦项目上，同月小米智能家居与成都仁恒地产达成合作，落地部署小米智能家居产品；2015 年 6 月，小米智能家居与金地集团达成合作，合作项目将实现全国近万家金地业主使用小米智能家居系列产品。

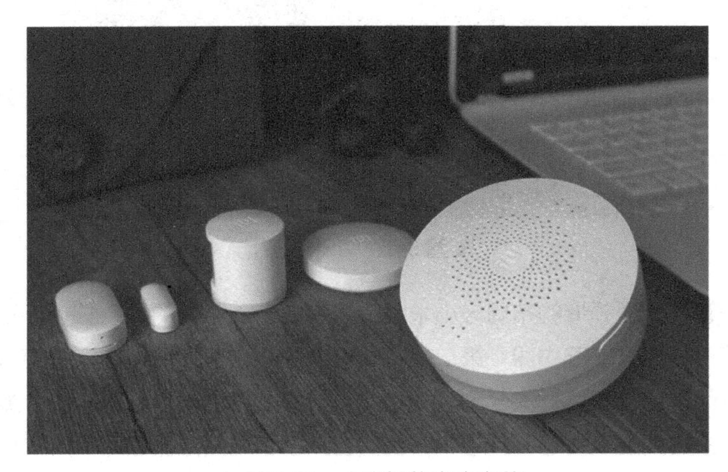

▲ 图 5-39　小米智能家庭套装

目前，通过小米路由器、小米路由器 APP、小米智能家庭套装已经可以实现多设备之间的智能联动，像设备联网、影音分享、家庭安防、空气改善等功能和应用场景也变得越来越丰富。

5.2.7 长虹：家庭互联网平台多元化

长虹自创始以来，完成了从军工立业、彩电兴业到信息电子的多元化拓展，已成为集军工、电子消费、核心器件研发与制造于一体的综合型跨国企业集团，并正向具有全球竞争力的智能家居与服务提供商挺进。

随着智能化已成为家电行业发展的共识，家电巨头纷纷发布智能家居战略，加速转型升级。在这批最先布局智能家庭互联网、推出市场化落地产品的公司中，长虹就占有一席之地，推出了 CHiQ 电视，如图 5-40 所示；以及长虹的美菱 CHiQ 冰箱，如图 5-41 所示。

有人认为，长虹已逐渐褪去了一个传统家电制造商的形象，现在已经致力于将互联网血液融入全线的智能产品中，凭借互联网与智能家居的热潮进行全面的升级转型，而这一转型具有极大的示范意义。作为一家国企，长虹在过去的半年带给整个行业的不仅仅是思考，更是带领整个行业集体转型，家庭互联网的多元应用将成为长虹未来家电产业的整体战略。

▲ 图 5-40 CHiQ 电视

为了应对互联网智能家居的大潮，长虹从 2004 年起就开始了“两手抓”的战术策略。

▲ 图 5-41　CHiQ 冰箱

一方面积极地进行体制创新，鼓励内部创业计划，主要是以“基金 + 基地”方式，鼓励并实施员工内部创业计划，设立长虹创投基金，创投规模不小于 2.5 亿元，其中包括长虹出资 5000 万元、国家发改委的引导资金 1 亿元和社会公开募集资金 1 亿元，极大地挖掘了长虹内部人员所存在的潜力。目前，长虹集团首批申报的内部创业项目已达 19 个，涉及软件开发、移动互联网、基于 4G 的移动视频通信云平台等。

另一方面积极地对外合作，弥补自身的短板，先后与 IBM、资本宽带、未来电视、中国电信等企业展开合作，获得了丰富的外部资源，为家庭互联网布局奠定了良好的基础。

为了应对未来市场的竞争，为了构建未来的长久技术、服务能力，长虹将致力于构建 3 大能力，如图 5-42 所示。

▲ 图 5-42　长虹将致力于构建 3 大能力

长虹的家庭互联网布局，已经超越了传统家电产业的产业链、垂直一体化等制造思维，跨越了黑色家电、白色家电、手机、IT 等产业的传统界限。据悉，长虹将以人为核心需求出发，重新定义电视、冰箱等智能终端的功能和商业模式，产生一套全新的理念和技术架构，以技术为主载，让智能化的技术真正融入人们的生活中。

作为家庭互联网的市场化落地产品，CHiQ 电视和 CHiQ 冰箱颠覆了传统的人机交互方式，实现了智能终端的互联互通。例如长虹 CHiQ 电视实现了手机对电视的无缝对接，从用户的角度出发，用移动互联网的思维和方法彻底颠覆了传统电视；长虹的美菱 CHiQ 智能冰箱，攻破了冰箱智能化的核心技术难题——“云图像识别”功能，运用智能化的技术解决了消费者智能化产品的服务需求。

伴随着家庭互联网产品的落地，长虹“终端 + 数据 + 内容 + 服务”的新商业模式逐步凸显。从其成功推出的 CHiQ 电视和长虹的美菱 CHiQ 冰箱等产品中我们可以看到，长虹的“终端 + 数据 + 服务”的模式已经初步成型；其智能服务模式将成为未来家电行业售后服务的发展方向，并有望引领消费电子产业的发展方向。

5.2.8 乐视：布局打造生态系统

2013 年 3 月，乐视与全球最大规模的电子产品代工商富士康展开战略合作，双方将签约开拓智能电视市场，同时联合夏普、美国高通公司播控平台合作方 CNTV 共同打造乐视超级电视，如图 5-43 所示。

图 5-43 乐视超级电视

乐视 TV 超级电视 X60 以及普及型产品 S40 为 60 寸、4 核 1.7GHz 的智能电视。这两款产品都于 2013 年 6 月下旬正式发售，标志着乐视网成为国内首家正式推出自有品牌电视的互联网公司。

其实，彩电市场一直面临着同质化严重的问题。从 2011 年开始，Android 系统的电视就已经出现在商场中，而乐视 TV 的出现对市场造成了很大的冲击。

乐视超级电视打造的不仅仅是一台电视机，更是一种具有完整价值链的“乐视生态系统”。乐视超级电视在营销模式上更注重于互联网营销的模式，而购买乐视超级电视的人基本都是乐视网络视频的粉丝和追随者。

乐视网包含网络视频及智能终端两条业务线：一是以“Hulu+Netflix”模式为主的长视频网站业务；二是以超级电视等智能终端以及第三方开发平台 LeTV Store、LeTV UI 操作系统为主的乐视新兴业务。

在乐视生态的布局中，包含 4 层架构、5 大引擎。

4 层架构：即“平台 + 内容 + 终端 + 应用”。乐视网将涵盖内容生产、集纳、传输、终端覆盖和第三方应用的完整生态，如图 5-44 所示。

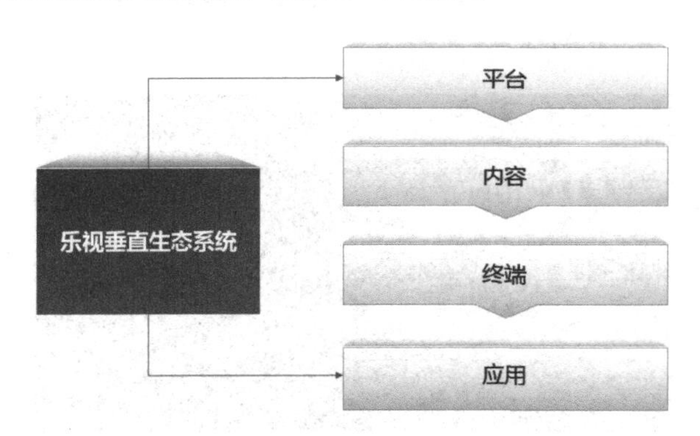

图 5-44　乐视垂直生态系统

5 大引擎：即云视频平台、电商平台、乐视影业和乐视网、终端层的硬件及软件服务、LeTV Store 等。

传统电视行业正经历着一次新的模式和产品变革，智能电视将成为未来电视发展的主要趋势，而乐视正用它的方式诠释着自己的互联网思维。

5.2.9　美的：发展互联网化智能空调

创业于 1968 年的美的集团，是一家以家电业为主，涉足照明电器、房地产、物流等领域的大型综合性现代化企业集团。其旗下拥有 3 家上市公司、4 大产业集团，是中国最具规模的白色家电生产基地和出口基地之一。

1980年，美的正式进入家电业。到目前为止，美的集团的主要产品涉猎甚广。在家用电器方面，有空调、冰箱、洗衣机、饮水机、电饭煲、电磁炉、空气清新机、洗碗机、消毒柜、抽油烟机、热水器等；在家电配件产品方面，有空调压缩机、冰箱压缩机、电机、磁控管、变压器等，是中国最大最完整的空调产业链、微波炉产业链、洗衣机产业链、冰箱产业链和洗碗机产业链等。

2014年3月，美的与阿里巴巴签订了云端战略合作协议，如图5-45所示。它们共同推出首款物联网智能空调，实现家电产品的互通互联和远程控制；阿里云将提供海量的计算、存储和网络连接能力，并帮助美的实现大数据的商业化应用。

美的·阿里巴巴智能物联网合作项目将分为3个阶段完成。

2014年，形成统一的物联产品应用通信标准，实现美的全系列产品的无缝接入和统一控制。

2015年，实现数据化运营，结合用户行为等数据，对产品的研发和生产进行改进。

2016年，形成完整的智慧生活产业链，实现各产品线数据的集中运营，提供增值应用和服务，改变传统产业模式。

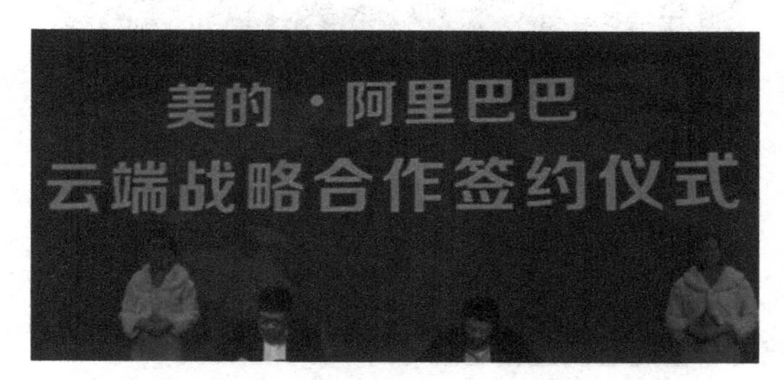

▲ 图5-45　美的与阿里巴巴签订了云端战略合作协议

用户只要下载一个APP就可以通过手机对美的空调进行远程控制，如图5-46所示。其语音系统工作原理是：当用户对着手机发出语音指令时，这段指令就会被转换成数据流，然后通过网络传输到阿里云的智能控制中心，经过计算分析处理，又通过光纤和Wi-Fi网络发送到美的空调的智能芯片中，空调就会按照指令行动。智能芯片会对各类数据进行记录，例如开关机时间、用电量、温湿度甚至包括PM2.5的数据等，然后将这些数据回传到阿里云的智能控制中心，以便用户可以随时查看。

美的空调和阿里云的技术合作，是运用互联网思维和技术促进传统家电行业的产业模式和运营模式的变更。同时，美的集团还发布了“M-Smart智慧家居战略”，如图5-47所示；宣布将对内统一协议、对外开放协议，实现所有家电产品的互联、互通，这款物联网智能空调将是其智慧家居战略的进一步落地。

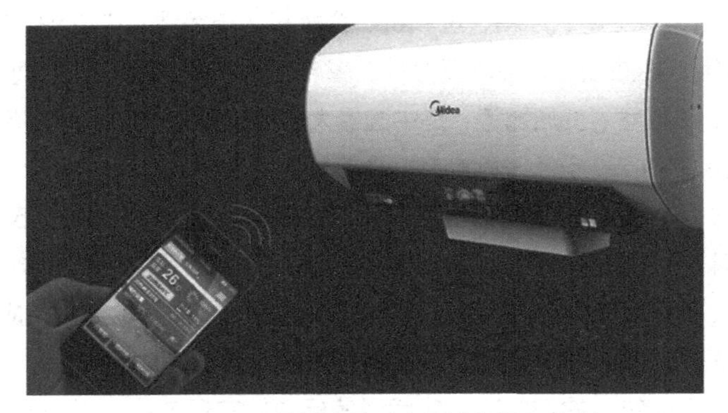

▲ 图 5-46　通过手机对空调进行远程控制

▲ 图 5-47　M-Smart 智慧家居战略

5.2.10　格力：智能空调迈出智能化第一步

格力成立于 1991 年，是一家集研发、生产、销售、服务于一体的国际化家电企业，目前拥有格力、TOSOT、晶弘三大品牌，主营家用空调、中央空调、空气能热水器、手机、生活电器、冰箱等产品。

在我国的智能家居领域中，就空调而言，虽然市场上正式销售的智能空调产品并不是很多，但是在格力、海尔、美的等各大品牌的广告宣传中，依然让人感到了智能空调时代已经来临。

作为智能空调领域的先行者之一，早在 2012 年，格力就和中国移动合作，研发出通过手机设备来远程操控空调运行的技术。这就是当时的物联网空调，也可以看作是智能空调的初级产品，其功能包括远程查询、开 / 关机、调节风速和噪声等。

2013 年，格力推出旗舰产品全能王 -U 尊 smart 智能空调，如图 5-48 所示。

该产品配置了“格力智能家电”系统的功能，标志着格力智能空调的大幕正式拉开。

图 5-48 格力全能王 -U 尊 smart 智能空调

对于格力全能王 -U 尊 smart 智能空调，可以通过在手机等智能操控终端安装“格力智能家电”APP，然后完成近程模式或远程模式的设置，如图 5-49 所示。

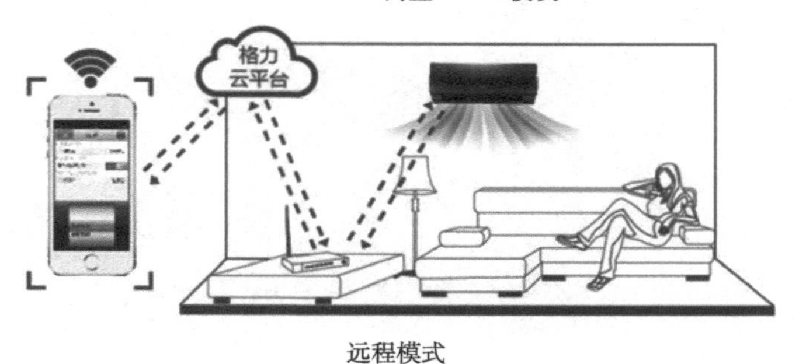

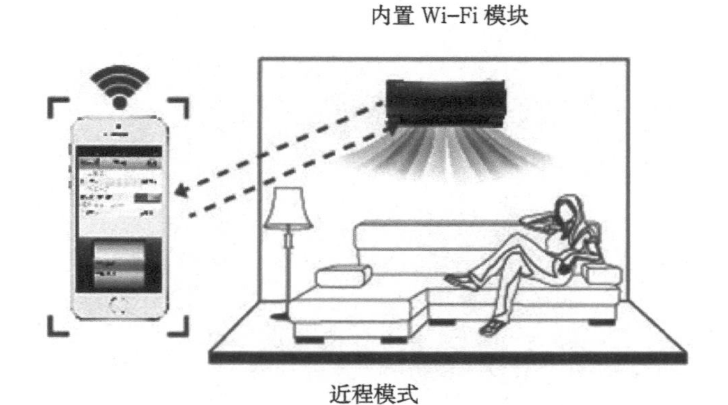

▲ 图 5-49 近程模式或远程模式

完成近程模式或远程模式的设置后，就能实现对空调的智能掌控，进行区域送风、节能导航、周定时、睡眠曲线定制、噪声定制以及“风吹人”或“禁止吹人”模式等功能操作。

尤其值得一提的是，格力智能空调的睡眠曲线定制功能，是指人们可以在手机上用指尖轻触屏幕，在图形化工具中灵活改变睡眠温度曲线，让空调在整晚或是任意一段时间内按照自己的个性指令运行。

格力智能空调使手机与空调实现双向实时通信，让人们无论身处多远，都可以随时掌控空调的运行状态，进行多样化的功能设定。

第6章

抢占入口，得入口者得天下

互联网的发展，给家居生活智能化带来了可能。互联网企业、传统家电企业纷纷布局智能家居，伴随智能家居激烈竞争而来的是智能家居“入口之争”。本章笔者将为大家介绍智能家居的入口。

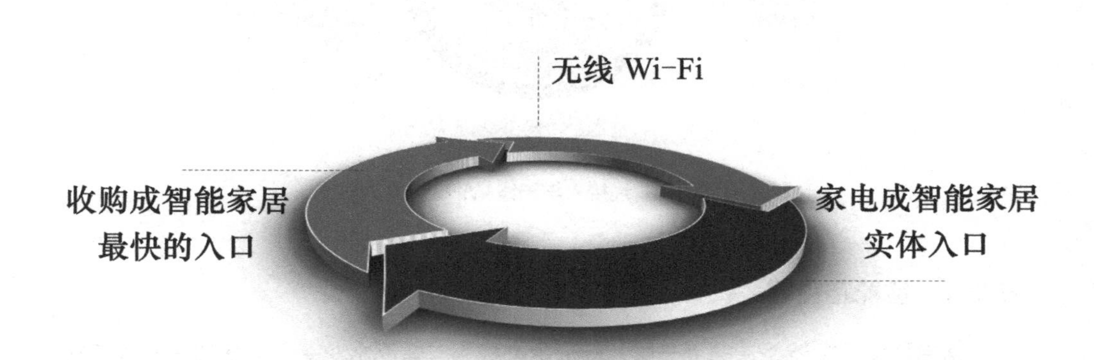

6.1 无线 Wi-Fi

近几年，智能家居成为众多企业共同聚焦的热点。伴随智能家居激烈竞争而来是智能家居的“入口之争”，智能家居到底有没有“入口”，而这个“入口”又是什么？行业虽没有给出明确的定论，但从传统的硬件公司到新兴的互联网公司的布局中可以归纳出如图 6-1 所示的要点。

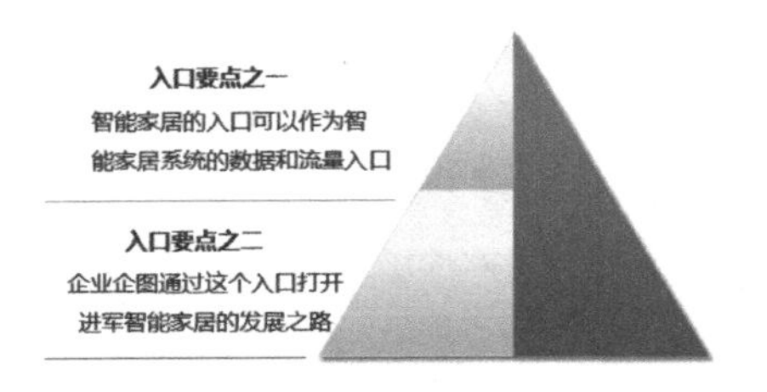

▲ 图 6-1　智能家居入口要点

针对此，就不得不提到一些智能家居的入口，无线 Wi-Fi 就是其中之一。Wi-Fi（Wireless Fidelity，无线保真）是一种可以将个人电脑、手持设备等终端以无线方式互相连接的技术，事实上是一个高频无线电信号。目前，Wi-Fi 用于冲浪上网已经屡见不鲜，现在的无线 Wi-Fi 技术更是被广泛应用到智能家居领域。有线接入技术与无线 Wi-Fi 技术之间的对比如图 6-2 所示。本节为大家着重介绍智能家居入口之无线 Wi-Fi。

▲ 图 6-2　有线接入与无线 Wi-Fi 技术的对比

6.1.1 智能路由器

路由器位于智能终端的上一层，被形象地称为“智能水龙头”。在如今的互联网时代，路由器几乎已经成为人们家中不可或缺的设备；它是家庭联网的必经之途，是人们上网的第一步。而无线 Wi-Fi 路由器的出现，更是让人们的上网生活变得更加快捷和方便。

而在互联网企业看来，时代赋予了它另外一个定位：潜力巨大的智能家居入口。2013 年智能路由器竞争爆发，百度、小米、360、盛大等互联网巨头都陆续发布智能无线路由器产品。图 6-3 和图 6-4 所示分别为小米路由器和 360 路由器。此外还有一个新出来的角色——极路由，如图 6-5 所示。

▲ 图 6-3　小米路由器

▲ 图 6-4　360 路由器

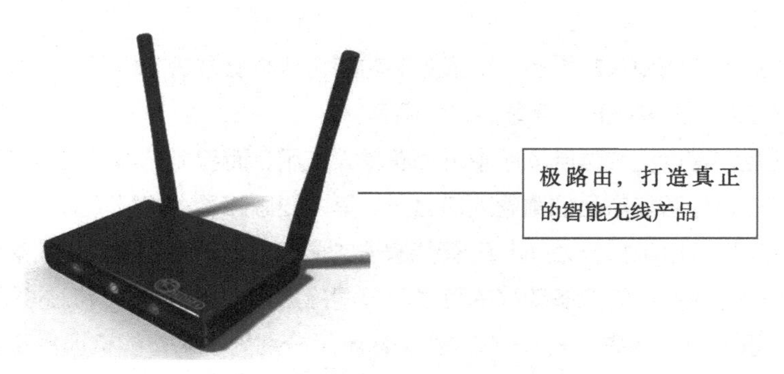

▲ 图 6-5　极路由

在大多智能家居系统中，处于“大脑”地位的智能指挥中枢要与其他设备实现无线相连，首先就要保证其自身能够与路由器相接，因此路由器就成为了智能家居不可或缺的重要一环。

智能路由器的诞生让路由器的使用范围更为广阔，极路由的出现让人们对这一上网工具有了更深刻的了解，如图 6-6 所示。

Wi-Fi智能路由器可以在Wi-Fi智能家居系统中起到主控作用，利用智能路由器可以实现设备的无线相连，从而使接入互联网的传统家电实现智能操控

Wi-Fi智能路由器实现家居设备相连

智能路由器担任控制中心的角色

作为上网的第一步，未来的智能路由器将担任起网络控制中心的角色，在硬件配置基础上搭载智能操作系统，从而一定会成为互联网公司争占智能家居领域的重要入口

▲ 图 6-6　人们对智能路由器的深刻了解

6.1.2　智能机顶盒

在电视机走向智能化的进程中，对于市场数量群庞大的电视用户来说，不可能指望所有消费者都去更换电视，这时，机顶盒的作用就体现出来了。智能机顶盒不仅可以为传统电视带来更多的智能功能，还可以作为家庭媒体网关实现家庭设备的互联互通。

在智能电视方案还不成熟的情况下，普通电视 + 机顶盒的方案更具灵活性。机顶盒不但可以满足大部分用户的需求，对于产品升级也十分便捷，只需要对盒子进行升级就可以了。

随着家庭联网设备的增多，机顶盒的功能将从垂直方法向水平方法发展，并将集成更多的技术，如 Wi-Fi、蓝牙、以太网等。

机顶盒在客厅这种休闲场所中发挥着重大作用，而智能机顶盒在智能家居争夺战中成为抢占客厅智能家居的重要入口之一。其主要思路是：将机顶盒作为未来智能家居的接入窗口，以电视作为 Wi-Fi 智能家居的显示屏。随着智能家居渐渐步入人们的生活，这一思路已成为众多新兴的互联网公司抢占智能家居客厅入口的重要动力，其中小米、乐视一马当先。图 6-7 和图 6-8 所示分别为小米智能机顶盒和乐视智能机顶盒。

▲ 图 6-7　小米智能机顶盒

▲ 图 6-8　乐视智能机顶盒

6.1.3　中央控制

智能家居涉及各个方面，包括影音娱乐、安防监控、环境监测、能源管理等。因此要实现用户对智能家居的便利管理，就需要寻找一个总控器，目前的方法是通过家庭 Wi-Fi 实现智能设备的控制。其实除了这个方法之外，还有一个方法，就是通过中央控制器来控制智能家居，并实现家居设备的智能联动。目前，海尔推出的星盒就是一款与空气相关的家电智能中控，如图 6-9 所示。

▲ 图 6-9　海尔智能“星盒”

该智能星盒主要以智能温控为核心功能作为家庭智能连接中心，通过主动记录用户的室内温度数据、智能识别用户习惯，实现对空调、新风、地暖、空气净化器、加湿器、除湿器、睡眠灯光、安全监控、可穿戴设备等跟家居环境相关设备的控制与联动，致力于打造最健康、舒适的室内环境。

6.1.4 智能插座和智能摄像头

智能插座和智能摄像头，能够作为抢占智能家居领域的轻智能家居入口。如图 6-10 和图 6-11 所示分别为智能插座和智能摄像头。

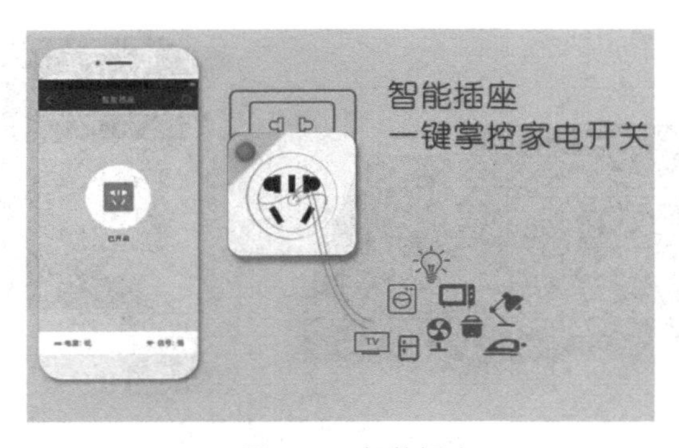

▲ 图 6-10　智能插座

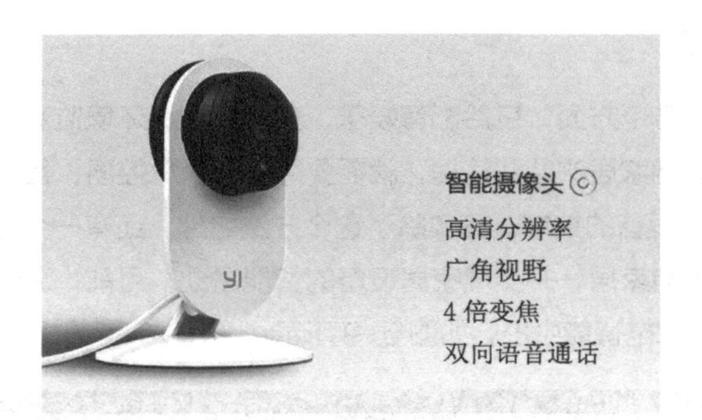

图 6-11　智能摄像头

轻智能家居入口相对于复杂的智能家居系统来说，切入智能家居的方式更为便捷。以智能插座为例，智能插座的“鼻祖”Belkin WeMo 致力于为消费者提供简易的智能家电方案，通过配套系统的手机 APP 实现随意控制家电开关。自从 Belkin WeMo 问世后，国内相继出现了很多智能插座，这些智能插座不仅能成为家电开关设备的控制中心，还能成为轻智能家居入口。

轻智能家居入口的特点非常明显，如图 6-12 所示。轻智能家居入口通常利用无线方式进行控制，同时用户可以根据自己的需求购买相应的产品组合，并且今后还可以根据需求的变化随时扩展或取消功能。由于价格便宜、设计轻巧，轻智能家居入口已经成功进入卖场或者商店销售。目前，轻智能家居入口已经成为各企业争相抢夺的重要领域。

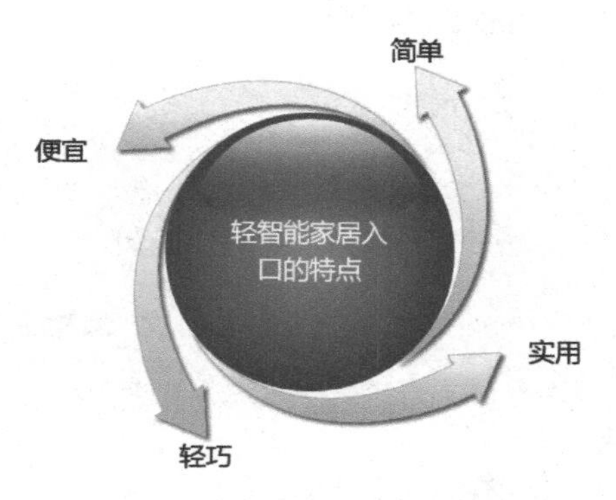

▲ 图 6-12　轻智能家居入口特点

6.1.5　小米路由器

小米路由器（硬盘版）自面市以来就被誉为“智能家庭网络中心”。它已有两代产品：一代小米路由器于 2014 年 4 月 23 日发售，全新小米路由器于 2015 年 6 月 18 日正式对外销售。

全新小米路由器最高可内置 6TB 监控级硬盘，具有 802.11ac 千兆 Wi-Fi，专业 PCB 阵列天线等特性，同时支持宽带、网页、下载、游戏 4 种网络提速，是一台可以下电影、存照片、当无线移动硬盘的路由器，如图 6-13 所示。

▲ 图 6-13　小米路由器

小米路由器搭配小米路由器 APP 可实现智能设备互联互通、影视资源搜索下载、影像资料存储备份。

小米路由器 mini 主流双频 AC 智能路由器，性价比相当高，配置 USB 接口，接上硬盘变身家庭服务器，存储照片视频，在手机、平板电脑与智能电视上播放。其设计精巧，摆在哪里都好看，如图 6-14 所示。

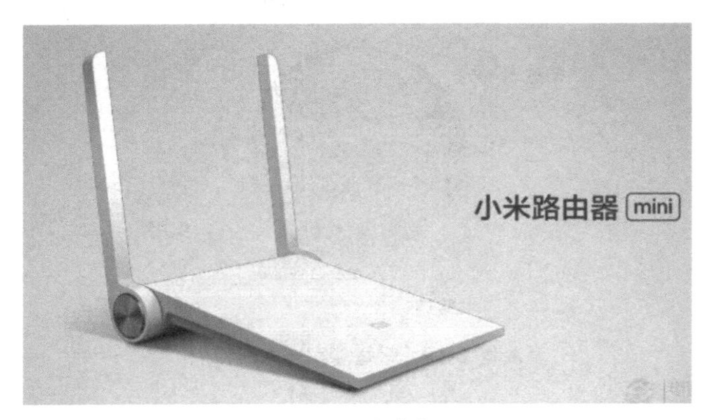

▲ 图 6-14　小米路由器 mini

6.2　家电成智能家居实体入口

互联网与传统家居企业以及新兴的科技公司掀起的智能化风暴已经席卷全国，传统厂商遭遇到前所未有的挑战之后纷纷转变模式，力求向智能家居领域转型。智能家居到来后，首先走上转型升级道路的是传统家电行业。百度、迅雷、小米、360 等互联网公司在为进入智能家居市场大打智能家居“入口”之战时，竞相发布了各种智能无线路由器；而美的、长虹、格力、TCL 等传统家电商则没有加入路由器的战队中，而主要把智能家电作为智能家居的实体切入口。

6.2.1　“入口”大战依然激烈

看到互联网企业已经将发展的触角通过路由器伸入智能家居行业中，传统家电商当然不可能对此熟视无睹。然而他们本身不具备这种优势，因此只能利用自身优势进行智能家居的转型和升级。

传统家电商最大的优势就是长期积累的用户群以及与人们生活无比贴近的各种家电设备，例如智能空调、智能冰箱、智能洗衣机等。因此传统家电行业纷纷打出智能空调、智能洗衣机等智能设备的口号，试图将传统家电作为智能家居的实体入口，如图 6-15 所示。

▲ 图 6-15　传统家电成智能家居入口

但问题是，智能家居不仅需要智能家电等设备，还需要利用网络将各种设备连接起来。传统家电商要想转型，就必须依靠物联网和云计算等技术作为支撑；但是他们既没有网络公司的网络技术，更没有物联传感等智能家居企业的全套智能家居控制系统。因此，传统家电企业想通过家电设备打通智能家居的入口，除了实现智能家电的边界升级功能之外，还要研发各种与智能家电相关联的智能系统，打造一个物联网智能家居开放平台。

6.2.2　美的智能空调

智能家居时代的到来，颠覆了传统家电企业模式。阿里巴巴与美的宣布将共同构建基于阿里云的物联网开放平台，实现家电产品的连接对话和远程控制；并于 2014 年 3 月签署战略合作协议，美的全系列产品都将入驻这一平台，阿里云将提供海量计算、存储和网络连接能力，帮助美的实现大数据商业化应用。签署合作协议当天，美的首款物联网智能空调公开亮相，如图 6-16 所示。

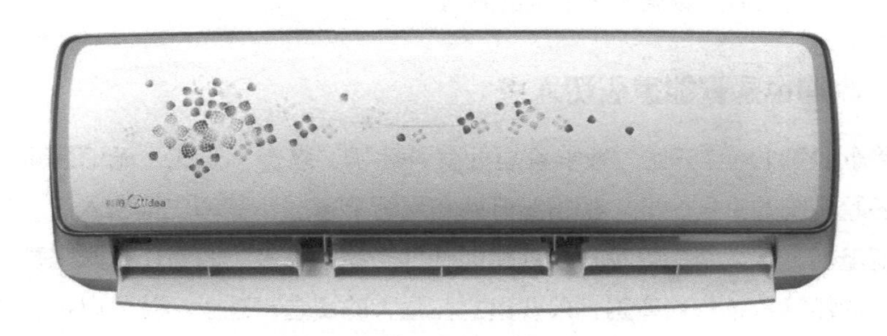

▲ 图 6-16　美的物联网智能空调

从 2014 年开始，美的所有的空调新品，都将应用物联网技术，让空调变成物联网的智能终端设备。一切语音指令都被转换成看不见的数据洪流，通过手机网络传输到阿里云上的智能控制中心，经过计算分析处理，再通过光纤和 Wi-Fi 网络发送到空调的智能芯片中，空调就能够按照人们的指令行动了，如图 6-17 所示。例如用户对着手机说出某一指令，空调就能自动开机制冷热、调节温度等；用户滑动美的空调 APP，还能查询空调前一天花了多少电费。除此之外，空调还会将记录的开关机、用电量、温湿度等数据回传到阿里云智能控制中心，以便用户可以随时调看查询。

▲ 图 6-17　阿里云与美的空调间的数据流

6.3　收购成智能家居最快的入口

各大企业要想进入智能家居领域，除了通过无线 Wi-Fi、传统家电转型智能家电等手段之外，还可以通过收购的手段。找到切入点，收购那些有一定发展基础的智能产品厂商，是进入智能家居市场最快的方法。

6.3.1　收购也是智能家居切入点

从谷歌收购 Nest 开始，智能家居业就开启了“暴走”模式，无论是新兴的互联网公司还是传统的家居企业，都纷纷开始布局智能家居，欲率先抢占入口。从智能照明到智能电视、智能路由器等一系列智能硬件产品，都被厂商看作是未来智能家居的入口。收购能够避免各种弯路，只要建立在强大的资金基础上，就可以快速成为智能家居行业的一个竞争者。

6.3.2 谷歌收购 Nest Labs

智能家居行业最大的收购案非谷歌巨资收购 Nest Labs 莫属，如图 6-18 所示。2014 年初，科技巨头谷歌宣布以 32 亿美元现金收购美国公司 Nest Labs，成为谷歌历史上的第二大收购案。Nest 一直被认为是智能家居领域的苹果公司。到目前为止，Nest Labs 公司推出过两款产品，分别是智能温控器和智能烟感器。

▲ 图 6-18 谷歌收购 Nest

Nest 是一款可以记录用户喜好并以此为根据，自动调节控制室温的智能设备。Nest 的智能家居设备不止一款，因为所有智能家居制造商都明白，如果不同厂商之间的智能家居设备无法互通互联，那么所谓的物联网、智能家居根本无法成为一个链条，而只会是一个个单独的孤岛。

2014 年，Nest 宣布开放应用程序接口（Application Programming Interface，API）。因此，不管是智能家居的公司还是未来基于该设备的开发者都可以调用 Nest 的数据。使用 Nest 开放接口后，Nest 可以实现自动调温之外的诸多智能化功能。比如 Nest 监测到室内温度骤升，空调便会自动降低温度；Nest 监测到家中无人，空调、电视等设备会自动关闭等。

同时，Nest 与 Control4 合作，宣布将 Nest 整合到 Control4 的控制系统内。这样用户就可以通过 Control4 的智能设备、遥控器、手机 APP 等对 Nest 进行操作，从而实现更多家庭智能化的场景。

从这个角度看，谷歌收购的不仅仅是一款恒温产品，更是智能家居生态系统的一个重要入口和节点。

第 7 章

智能控制，机器自主驱动的利器

智能家居控制系统包括哪些产品呢？智能家居又有哪些智能控制方式？本章笔者将为大家介绍智能家居的控制系统产品以及智能控制方式，并教给大家通过电脑、手机等中的软件控制智能家居的方法。

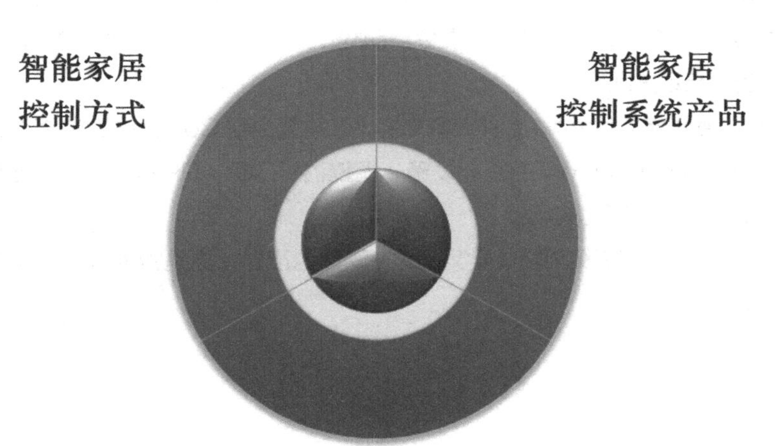

7.1 智能家居控制系统产品

智能家居控制系统 (Smarthome Control Systems，SCS) 是以住宅为平台，家居电器及家电设备为主要控制对象，利用综合布线、网络通信、安全防范、自动控制、音视频等多种技术对家居生活有关的设施进行高效集成，构建高效的住宅设施与家庭日程事务的控制管理系统，是能够提升家居智能、安全、便利、舒适，并实现环保节能的综合智能家居网络控制系统平台。智能家居控制系统是智能家居的核心，是智能家居控制功能实现的基础。图 7-1 所示为智能家居控制系统集成图。

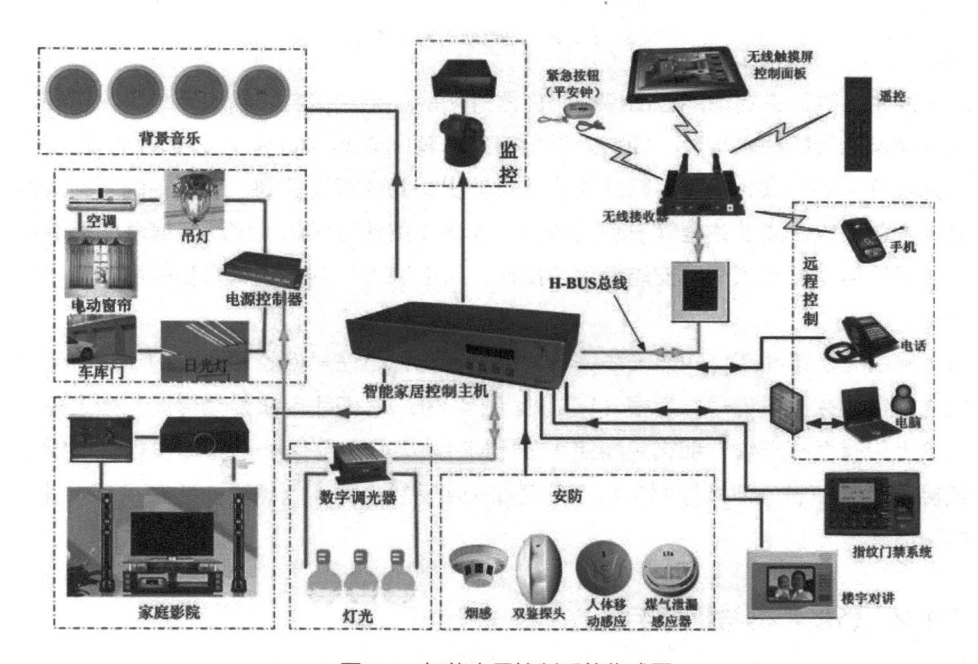

▲ 图 7-1　智能家居控制系统集成图

介绍完智能家居控制系统的概念，接下来笔者要向大家介绍智能家居控制系统的相关产品，主要包括控制主机、智能手机与平板手机、平板电脑以及智能开关等。

7.1.1 控制主机

控制主机又称智能网关，是智能家居的组成部分之一，也是家庭网络和外界网络沟通的桥梁，如图 7-2 所示。在智能家居中由于使用了不同的通信协议、数据格式或语言，因此需要控制主机对收到的信息进行“翻译”，然后对分析处理过的信息进行传输，再通过无线网发出。

▲ 图 7-2　智能家居控制主机

控制主机的主要功能包括传统路由器的功能、无线转发功能和无线接收功能。无线转发和无线接收功能：即将外部所有信号转化成无线信号，当人操作遥控设备或无线开关的时候，控制主机又能将信号输出，完成灯光控制、电器控制、场景设置、安防监控、物业管理等一系列操作，或通过室外互联网、移动通信网向远端用户手机或电脑发出家里的安防管理等操作。可以说，控制主机就是智能家居的“指挥部”。

控制主机背面装有网络天线，是用来进行无线电信号接收和转发的：一根无线网络天线用来接收信号，两根 315MHz 和 433MHz 天线用来射频传输；如果控制主机上只有两根天线，那它只能使用 315MHz 或 433MHz 一个频率发射控制指令或接收控制信息；如果控制主机采用 ZigBee 无线技术，则需要安装一根 2.4GHz 的天线。

7.1.2　智能手机与平板手机

智能手机是对那些运算能力及功能比传统功能手机更强的手机的集合性称谓。在普通手机的基础上，智能手机具备了掌上电脑的大部分功能，并具备一个开放性的操作系统；基于这个操作系统，用户可以安装更多的软件、游戏等第三方服务商提供的应用程序。

平板手机的功能要比智能手机少一些，主要以通话与娱乐为主，产品定位在平板电脑与智能手机之间，如 Android 平板手机，三星的 P1000、P7300、P7310、P7500、P6200 型手机等。

用智能手机或平板手机来控制智能家居主机，首先要下载安装控制主机生产厂家提供的专用软件或 APP，才能通过手机控制其他智能设备，如图 7-3 所示。

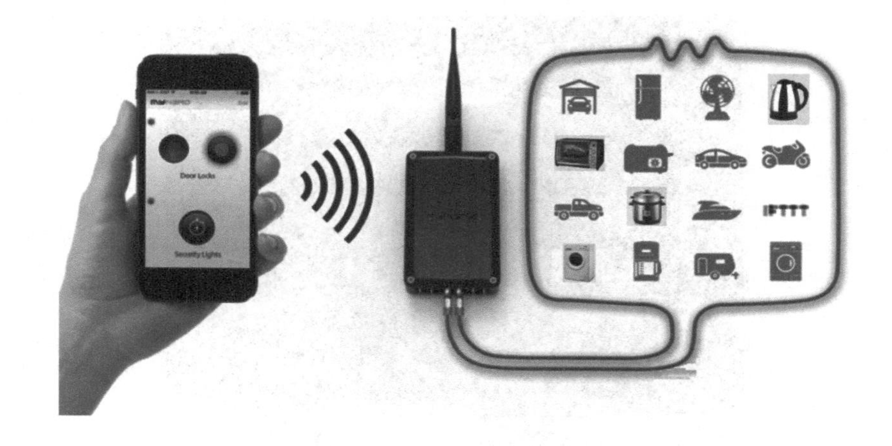

▲ 图 7-3　智能手机控制智能家居

7.1.3　平板电脑

平板电脑最先由比尔·盖茨提出，它是一种小型的、方便携带的个人电脑。用户能够通过触控笔或数字笔来代替传统的键盘和鼠标在电脑上进行操作，同时还能通过内置的手写识别、屏幕上的软键盘、语音识别等输入文字。

用平板电脑控制智能家居主机是利用室内的无线网络，通过下载与主机配套的应用软件来实现的，如图 7-4 所示。不同的厂家生产的控制主机，其控制的软件也不相同。下载好软件之后，需要和主机配合使用，所有的操作也都要通过登录智能控制主机才能实现。

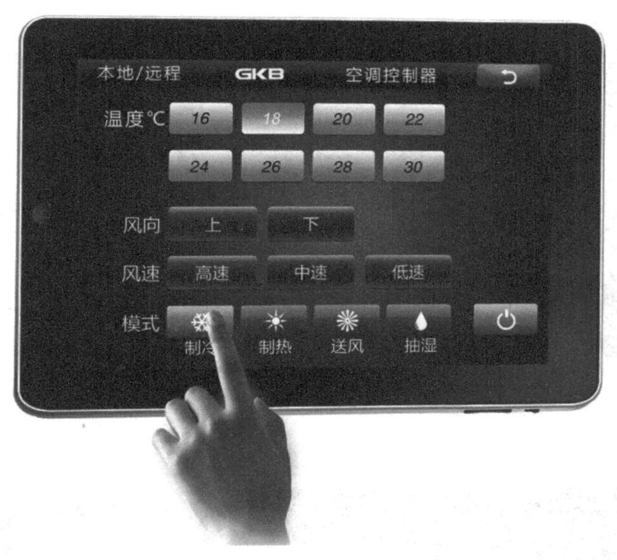

▲ 图 7-4　平板电脑控制智能家居

7.1.4　智能开关

智能开关是指利用控制板和电子元器件的组合及编程，以实现电路智能开关控制的单元。它和机械式墙壁开关相比，无须接零线，无须重新布线，无须对灯具改动任何接配件，可随意贴在任何位置，代替原有的墙壁开关。智能开关既能手动开关控制，也可遥控开关控制，同时还可配合智能主机进行情景模式等集中控制。智能开关包括智能面板（见图 7-5），还有智能插座等。

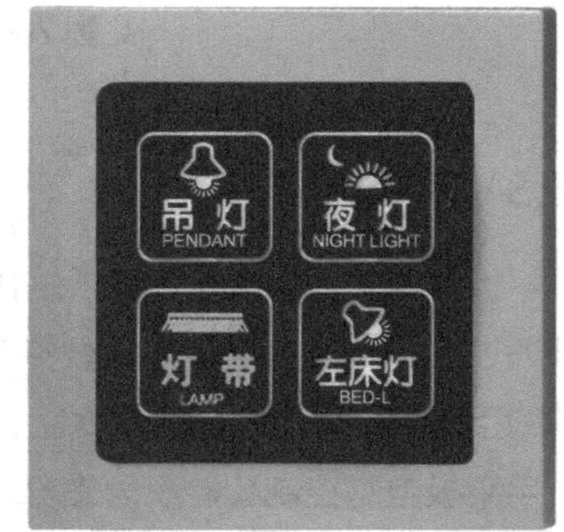

▲ 图 7-5　智能面板

智能开关的功能特色多、使用安全，而且式样美观。它打破了传统墙壁开关开与关的单一作用，除了在功能上的创新外，还赋予了开关装饰点缀的效果。目前，智能开关已经被广泛应用于家居智能化改造、办公室智能化改造、工业智能化改造、农林渔牧智能化改造等多个领域，极大地节约了能源，提高了生成效率和降低了运营成本。

7.2 智能家居控制方式

目前，智能家居控制方式有本地控制、远程网络控制、定时控制和一键情景控制等4种方式，且每种都有自己的特色。本节笔者将为大家介绍智能家居的这4种控制方式。

7.2.1 本地控制

本地控制是指在智能家电附近，通过智能开关、无线遥控器、控制屏等对智能家电进行各种操作。

1. 智能开关控制

智能开关在前面有所介绍，智能开关控制是指利用智能面板、智能插座等智能开关对家庭照明器具或家电进行控制。它的特点是：可以在家中多个地方，使用多种手段对家电进行控制，用一个按键同时对多个家电进行情景控制。

2. 无线遥控控制

无线遥控控制是指利用无线电遥控器对家庭照明灯具或家用电器进行简单情景模式的控制，或者与红外转发器及控制主机配合，将家中原有的各种红外遥控器的功能传到红外转发器中，并将控制主机的通信转换为红外线遥控信号，再用无线电遥控器去控制室内所有的智能家电，包括空调、电视机、音响、电视机顶盒等。

3. 主机控制

主机控制也是智能家居本地控制的方式之一。和智能开关一样，前面已经有所提及，这里不再赘述。

7.2.2 远程网络控制

远程网络控制一般是指在远离住宅和智能家居的地方，通过电话机、智能手机及外部网络对家电进行控制的操作，如图7-6所示。

与智能手机和平板电脑控制智能家居的方式一样，都需要先下载安装控制主机生产厂家提供的专用软件，才能进行相关操作。

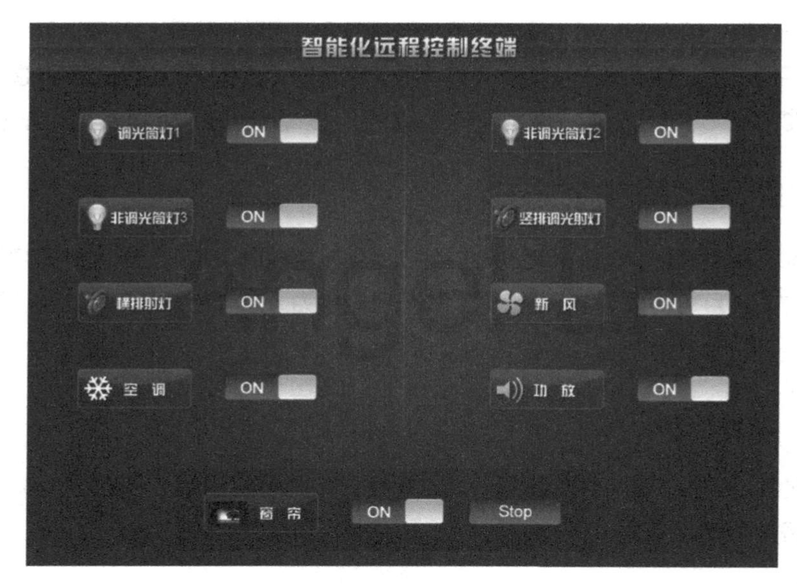

▲ 图 7-6　远程控制智能家电

7.2.3　定时控制

定时控制是指在控制主机内提前对家中电器设定循环周期以及每次工作的时长，比如定时开关窗帘、定时开关热水器等，并且对电视、照明、音响等均可进行定时控制操作。当房主要外出时，可以设置主人在家的虚拟场景，定时开关灯和一些电器，给不法分子造成家中有人的假象。

7.2.4　一键情景控制

一键情景控制是指对家中灯光、窗帘、空调和其他家电等若干个设备进行任意组合，形成一个自定义式的情景模式，然后按下情景模式键，按照预先设定的情景模式开启灯光、空调、电视或其他家用电器。

7.3　实战：通过软件控制智能家居

虽然一直在说智能家居的简单方便，家居布线系统、智能家居控制管理系统（包括数据安全管理系统）、家居照明控制系统、家庭安防系统、家庭网络系统、背景音乐系统、家庭影院与多媒体系统、家庭环境控制系统都可用电脑手机随时随地控制。那么，究竟怎样控制呢？下面以 KC868 系统为例学习一下吧。

KC868 系统是杭州晶控电子有限公司 2010 年率先推出的智能家居控制系统，该公司成立于2005年，是一家专注于研发智能化控制产品、智能家居控制系统的创新型企业。

杭州晶控电子有限公司是业界领先的智能家居产品制造商和系统方案提供商，现已研发并生产了一系列智能家居主机及产品。如今，晶控KC868系列主机已形成了丰富的产品线，并赢得了国家技术专利、国家注册商标、欧盟CE认证证书及国家版权登记中心著作权登记等数项荣誉，为全球用户提供着别墅会所、家居住宅、星级酒店、办公自动化等领域的专业设备和解决方案。

7.3.1 通过个人电脑控制智能设备

专业人士架设好智能家居系统后，会帮助用户安装好软件。下面介绍如何登录与控制设备。

1. 用户登录

①双击桌面上的KC868图标，打开智能主机控制软件，显示客户端软件登录界面，如图7-7所示。

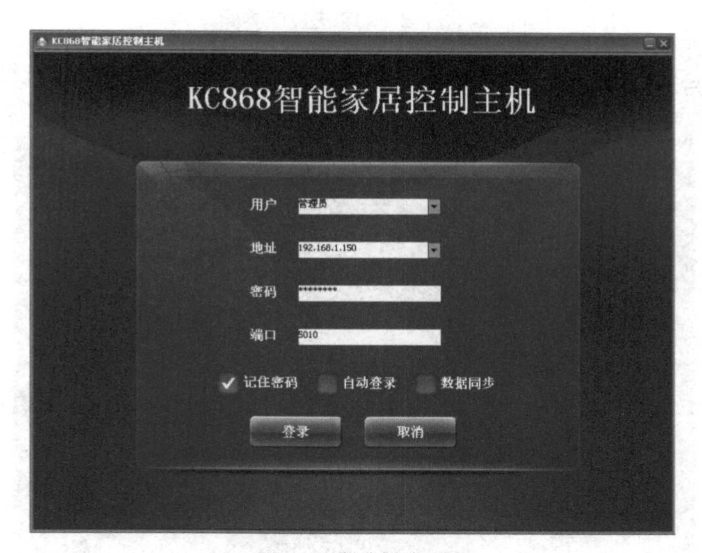

▲ 图7-7 控制主机界面

专家提醒

需要提醒用户的是，该软件客户端分为两种登录账户，即管理员账户和普通用户账户。其中普通用户权限较低，只能进行电器的控制操作，无权配置与更改系统参数；而管理员则拥有全部功能权限。

②在登录界面输入相关信息，包括用户、地址、密码以及端口。单击“登录”按钮，显示动态进度条，如图 7-8 所示。

▲ 图 7-8　动态进度条界面

③稍等片刻，登录完成，便会出现软件主界面，如图 7-9 所示。

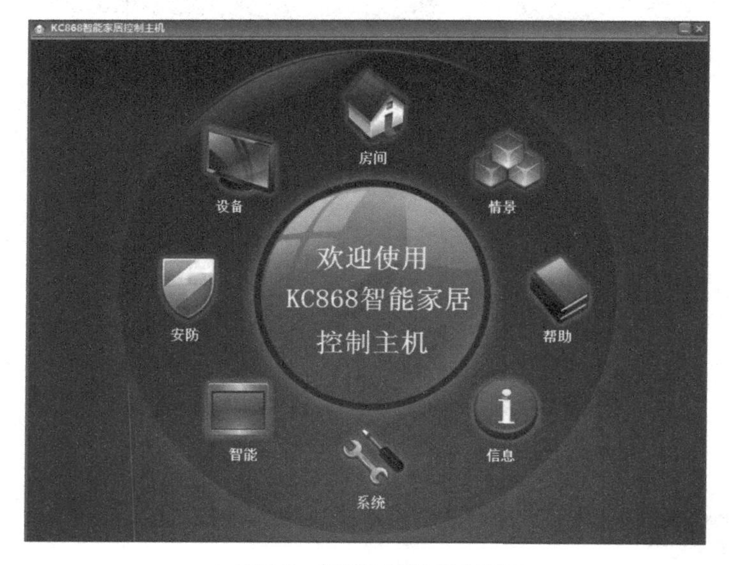

▲ 图 7-9　智能家居控制主界面

④如果用户觉得这个默认的界面太过简单生硬，不够美观好看，也可以设置自定义界面，如图 7-10 所示。

▲ 图 7-10　自定义控制主界面

2. 设备控制

下面介绍如何控制楼层、房间以及相关家电等设备。

①控制楼层：单击打开主界面中的“设备”按钮，选择首位的“楼层”，然后单击选择左上角的“输出”按钮，选择“楼层名称”，如 3 楼，即可进入楼层界面，如图 7-11 所示。

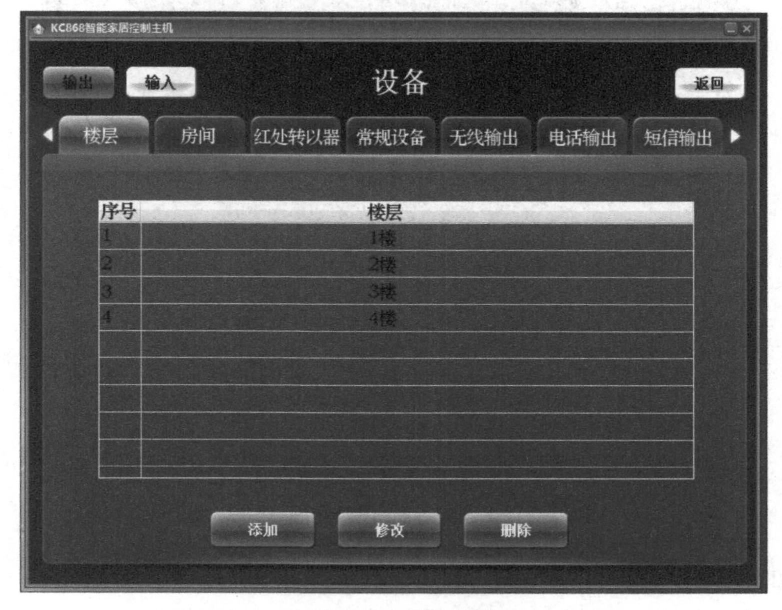

▲ 图 7-11　楼层界面

> **专家提醒**
>
> 楼层创建界面，适用于普通公寓，也适用于别墅住宅。进行楼层管理设置时，如果是普通公寓，则只需输入一个楼层的名称就可以了；如果是多楼层的用户，单击界面最下面的“添加”按钮，界面处会跳出一个“楼层名称”的输入界面，在里面输入“× 楼”之后，单击“确定”按钮即可，可进行多次创建。
>
> - “添加”按钮：添加新的楼层名称。
> - “修改”按钮：修改已创建的楼层名称。
> - “删除”按钮：删除已创建的楼层。

②控制房间：房间的设置跟楼层的设置步骤是相同的，多个房间的创建步骤参照楼层设置即可。

③控制红外线转发器：红外线转发器与智能主机配合，可以实现对家电等设备的无线遥控。用户不需要修改电气设备的线路，也不需要线缆连接设备，只需在要进行红外线遥控的电器设备房间内安装一个红外线转发器，然后对软件进行配置，即可实现空调、电视机、蓝光播放器以及音响等红外设备的智能控制。

④控制常规设备：“常规设备”里列出了创建的常规项目的名称。打开主界面中的“设备”，单击左上角的“输出”按钮，选择“常规设备”，界面如图 7-12 所示。

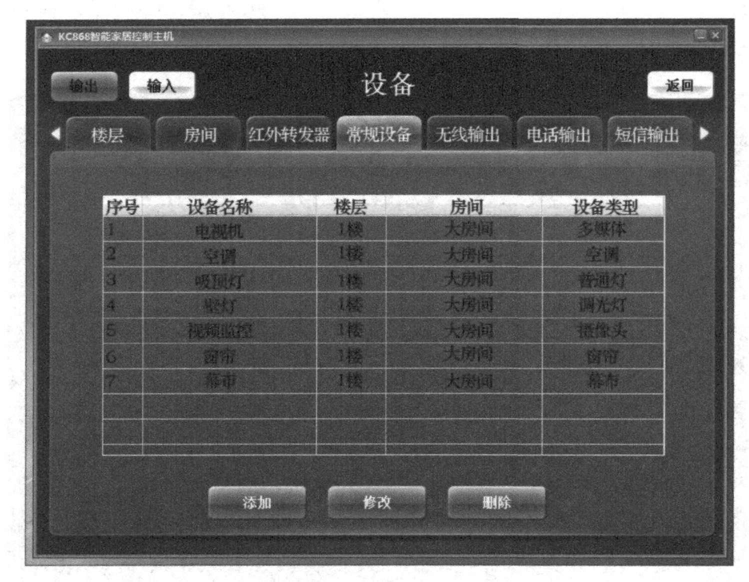

▲ 图 7-12　设备界面

添加、修改、删除“常规设备”的步骤参照“控制楼层”的步骤即可。

- “空调”设置：选择“常规设备”里的“空调”，若“常规设置”里还没有“空调”选项，可单击“添加”按钮进行添加。点击“空调”图标后，则会出现“空调遥控器”的控制界面，即可对空调进行智能控制，如图 7-13 所示。

▲ 图 7-13　空调遥控器控制界面

- “窗帘”控制界面如图 7-14 所示，完成后即可智能控制窗帘。

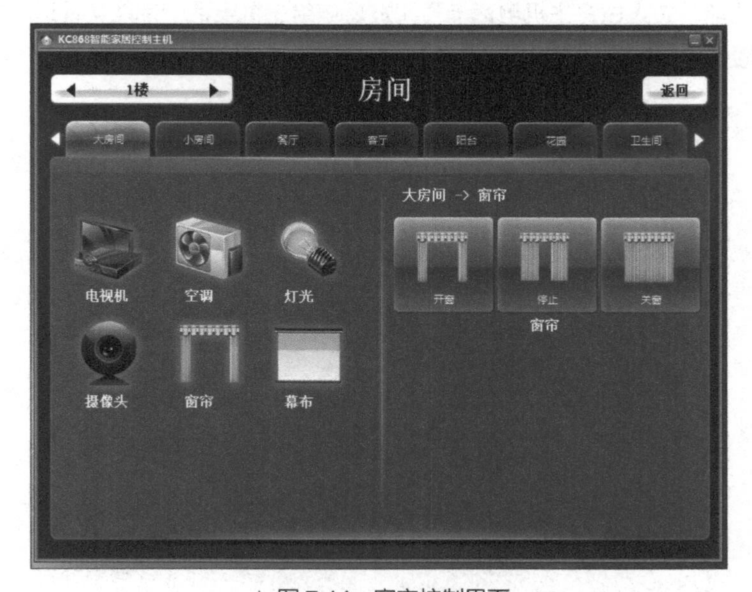

▲ 图 7-14　窗帘控制界面

- “灯光”控制界面如图 7-15 所示，完成后即可智能控制灯光。

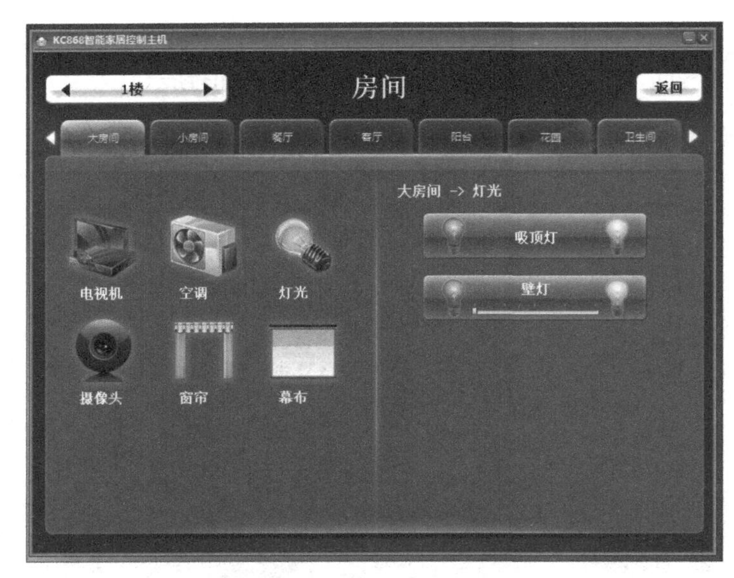

▲ 图 7-15　灯光控制界面

同时，摄像头、幕布、电视机等都是各自需要设置的，设置好之后便可进行无线遥控，笔者在此不再一一列举。

⑤电话输入与短信输出：智能主机支持 GSM 手机卡的配合使用，可以实现电话和短信的功能，主人拨打主机电话卡号和发短信给主机电话卡都能实现远程控制。电话输入和短信输出界面如图 7-16 和图 7-17 所示。

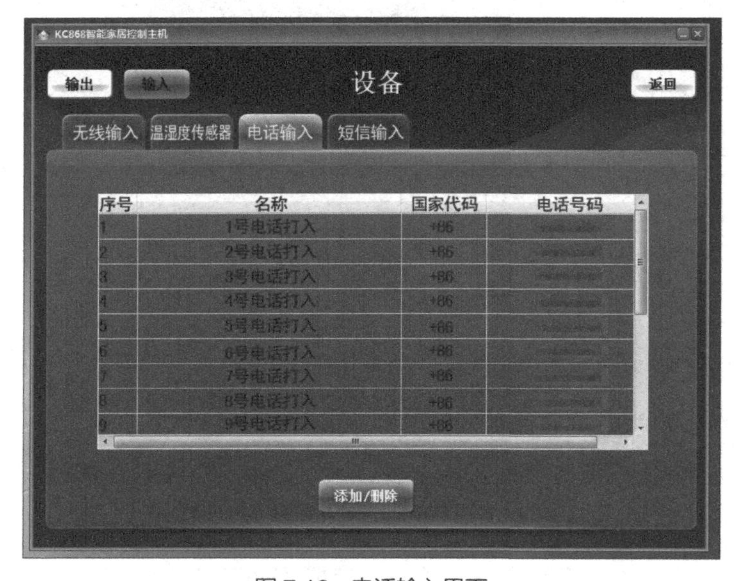

图 7-16　电话输入界面

▲ 图 7-17　短信输出界面

3. 安防

打开主界面中的“安防”，则会出现安防界面，如图 7-18 所示。

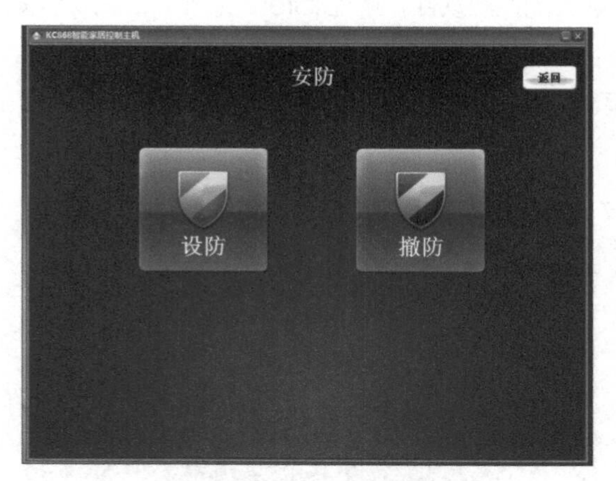

▲ 图 7-18　安防界面

点击“设防”图标，主机可接收所有无线输入设备的信号，进入设防报警状态。当进行无线输入设备学习的时候，必须使主机处于“设防”状态。

4. 情景

点击界面中的“情景”图标，会列出所有创建过的情景模式按键，直接用鼠标点击就可进行控制了，如图 7-19 所示。

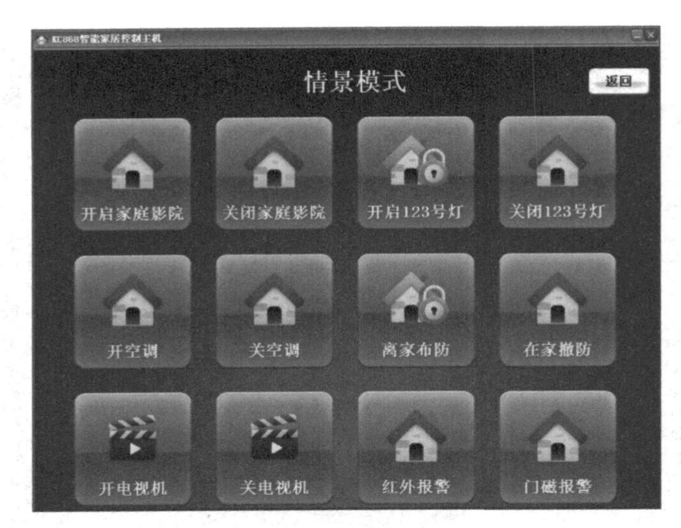

▲ 图 7-19　情景模式界面

7.3.2　通过苹果手机或平板控制智能设备

目前，智能控制系统已经与苹果相关产品达成合作，iPad 或 iPhone 用户可以直接登录苹果官网下载智能控制软件，通过 iStore 或者 PC 端安装使用。具体应用流程如下。

① KC868 智能家居控制系统在 iPad 上的应用流程如图 7-20 ~ 图 7-24 所示。

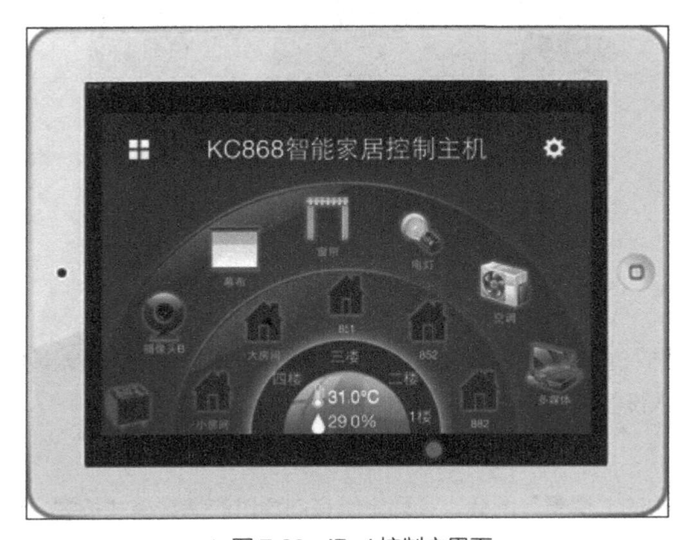

▲ 图 7-20　iPad 控制主界面

▲ 图 7-21　iPad 电灯控制界面

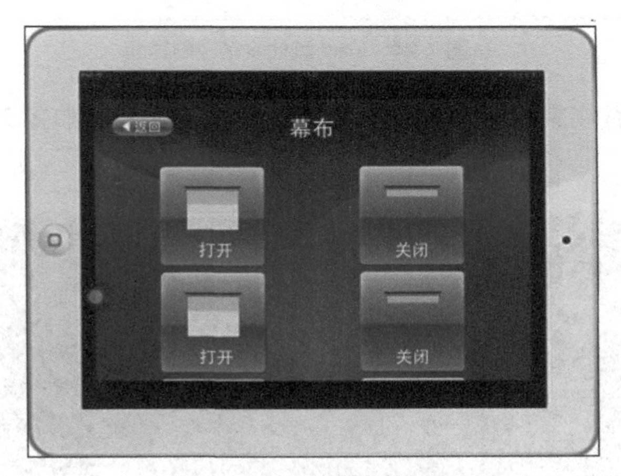

▲ 图 7-22　iPad 幕布控制界面

▲ 图 7-23　iPad 空调控制界面

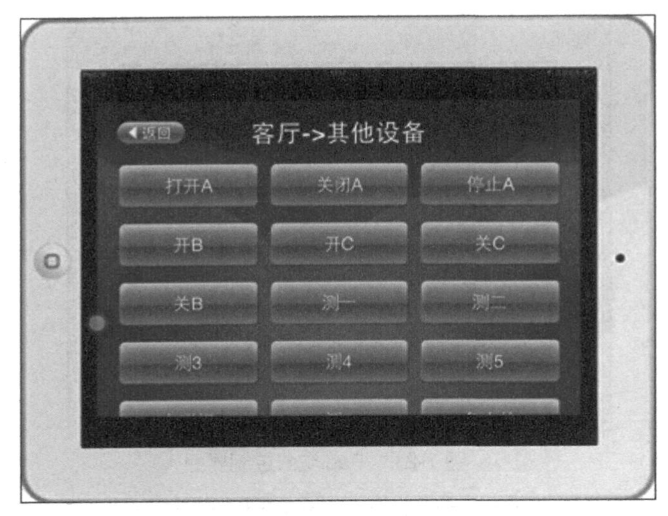

▲ 图 7-24　iPad 其他设备控制界面

② KC868 智能家居控制系统在 iPhone 上的应用流程如图 7-25 ～图 7-30 所示。

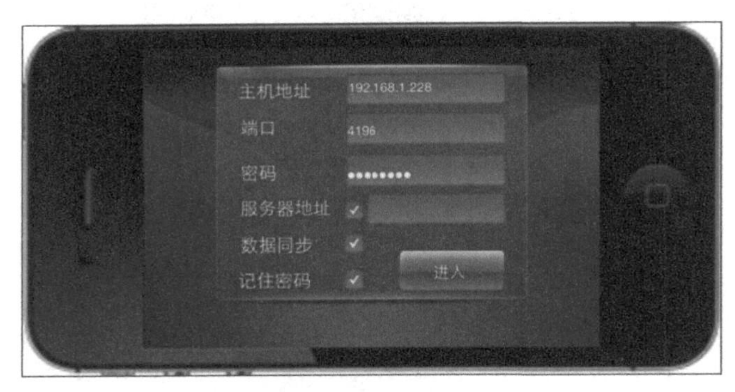

▲ 图 7-25　iPhone 登录界面

▲ 图 7-26　iPhone 首页界面

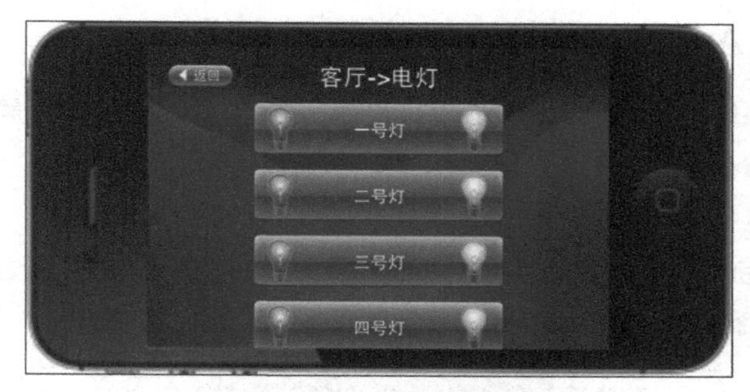

▲ 图 7-27　iPhone 电灯控制界面

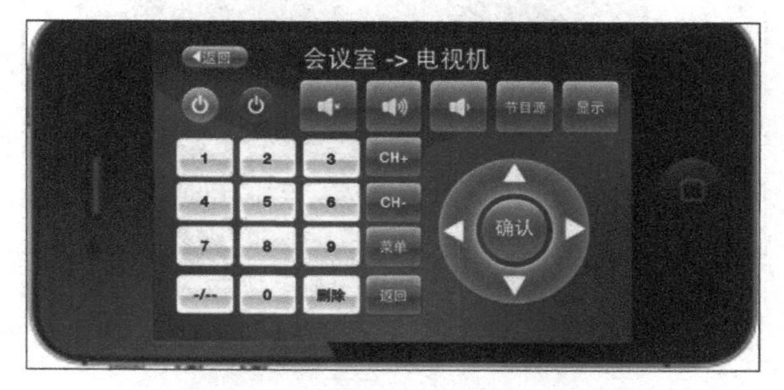

▲ 图 7-28　iPhone 会议室电视机控制界面

▲ 图 7-29　iPhone 各房间多页面监控

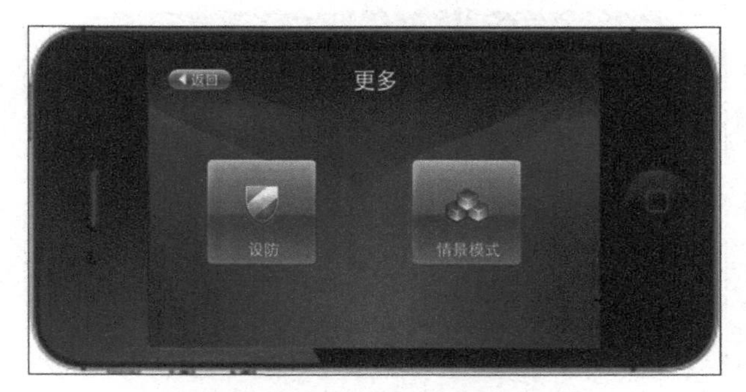

▲ 图 7-30　iPhone 更多选项控制界面

7.3.3 通过 Android 手机控制智能设备

Android 系统的用户，可以通过“91 助手”或“360 手机助手”等软件进行在线安装；或是直接在官网下载 APK 安装软件，并通过计算机 USB 线进行安装，具体下载安装步骤此处不再赘述。

软件安装完成后，Android 用户便可在手机上登录客户端，并进行智能操控了。下面笔者仅以 Android 手机的应用为例进行详细介绍，应用流程如图 7-31~ 图 7-35 所示。

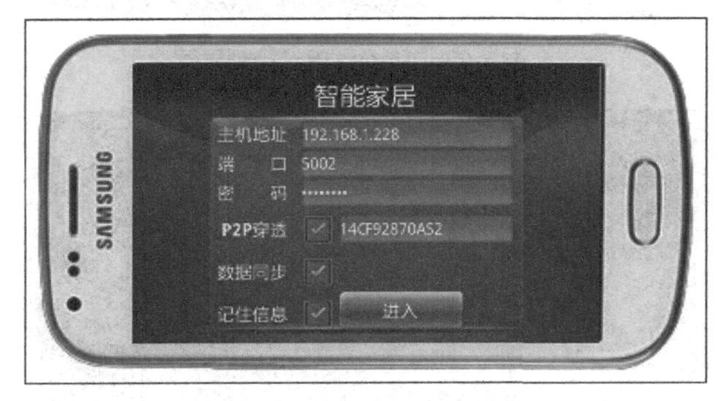

▲ 图 7-31　Android 登录界面

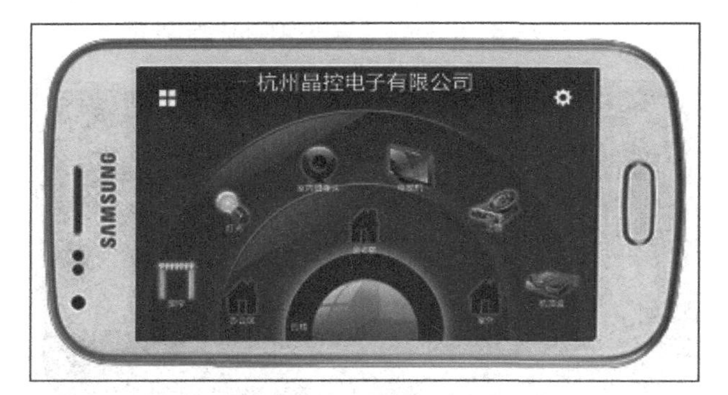

▲ 图 7-32　Android 首页界面

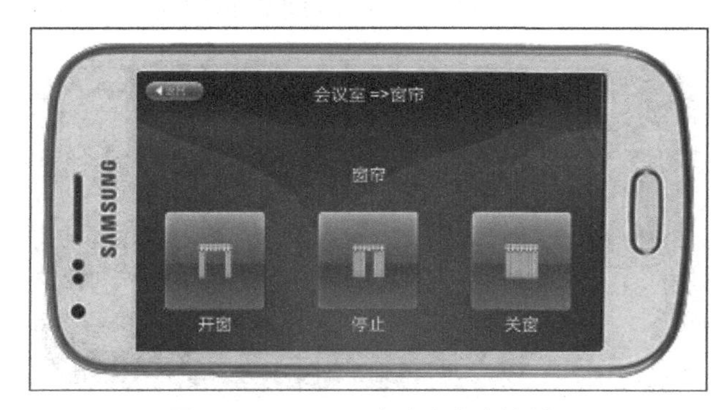

▲ 图 7-33　Android 会议室窗帘控制界面

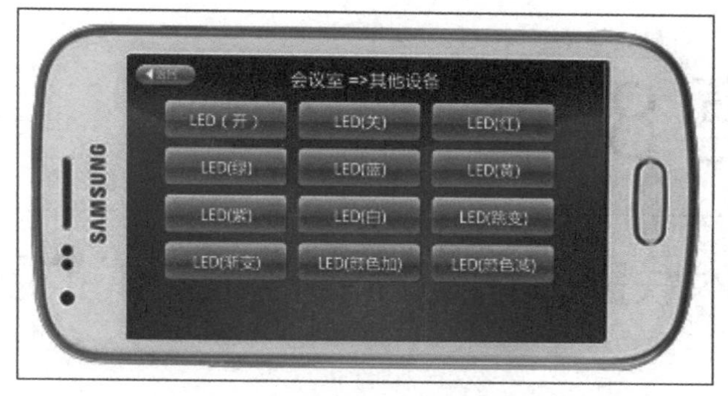

▲ 图 7-34　Android 会议室其他设备控制界面

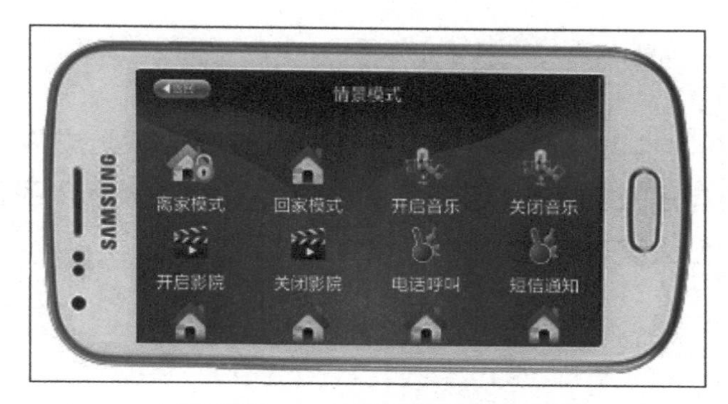

▲ 图 7-35　Android 情景模式控制界面

专家提醒

家庭自动化市场每年都在成长，房主都会希望拥有一个更加“聪明”的房子，所以未来家居的智能化是不可避免的趋势。

智能家居控制系统——KC868 是史上第一台打造平民化智能家居的多功能主机，第一台由研发、工程、用户共同设计的智能主机，第一台完全对用户开放并高度定制 DIY 精神的主机。

智能家居控制系统——KC868 的安装简易方便，软件界面美观漂亮，还拥有强大的自助固件刷机工具、超强的控制功能以及远程网络控制等优点。

第 8 章

技术联盟，智能控制技术方式扩展

智能家居的控制技术经过一段时间的发展已越来越趋近成熟，但是依然有很多人对智能家居的控制技术不太了解。本章笔者就为大家介绍智能家居的智能控制技术，让大家对智能家居有个更全面的了解。

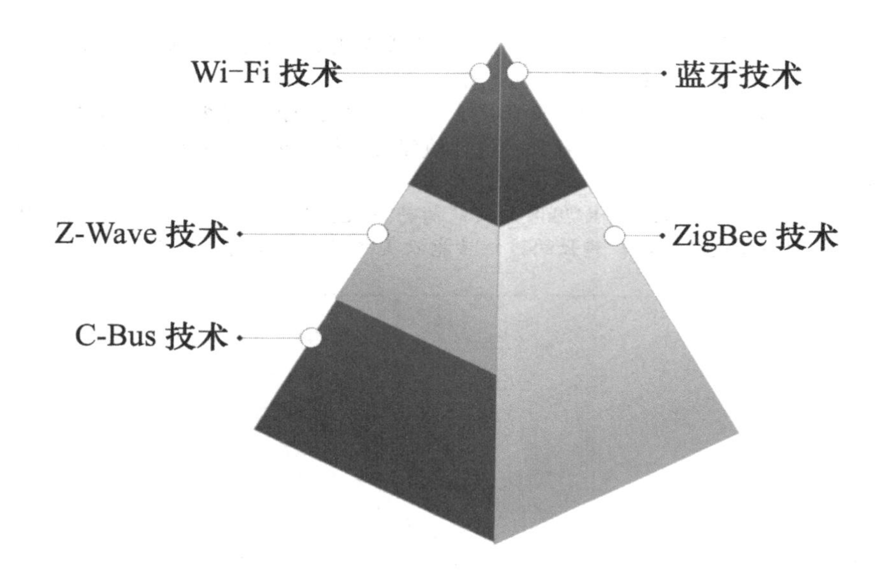

8.1 控制技术方式一：Wi-Fi

Wi-Fi，中文名叫无线保真，是一种可以将个人电脑、手持设备（如 Pad、手机）等终端以无线方式互相连接的技术。事实上它是一个高频无线电信号，如图 8-1 所示。

▲ 图 8-1 Wi-Fi

无线保真是一个无线网络通信技术的品牌，由 Wi-Fi 联盟持有，目的是改善基于 IEEE 802.11 标准的无线网网络产品之间的互通性。现时人们一般把 Wi-Fi 及 IEEE 802.11 混为一谈，甚至把 Wi-Fi 等同于无线网际网路。

8.1.1 初识 Wi-Fi

当今，几乎所有智能手机、平板电脑和笔记本电脑都支持 Wi-Fi 上网。Wi-Fi 是当今使用最广的一种无线网络传输技术。手机在有 Wi-Fi 无线信号的情况下，就可以不通过移动联通等的网络上网，可节省流量费。Wi-Fi 上网的原理就是把有线网络信号转换成无线信号，然后通过无线路由器供相关的 PC、手机、平板电脑等接收。

目前，虽然由 Wi-Fi 技术传输的无线通信质量不是很好，数据安全性也比蓝牙传输的安全性差一些，但 Wi-Fi 的传输速度非常快，可以达到 54Mbit/s，符合个人和社会信息化的需求。除了传输速度快，Wi-Fi 最主要的优势在于不需要布线，可以不受布线条件的限制，因此非常适合移动办公用户的需要。

Wi-Fi 的第一个版本发表于 1997 年，2010 年无线网络的覆盖范围在国内越来越广泛，高级宾馆、豪华住宅区、飞机场以及咖啡厅之类的区域都有 Wi-Fi 接口。当我们去旅游、办公时，就可以在这些场所使用我们的掌上设备尽情网上冲浪了。厂商只要在机场、车站、咖啡店、图书馆等人员较密集的地方设置“热点”，并通过高速线路将互联网接入上述场所即可。由于“热点”所发射的电波可达到距接入点半径数

10 ~ 100 米的地方，用户将笔记本电脑、Pad 或手机等拿到该区域内就可以高速接入互联网上网冲浪了。

但是 Wi-Fi 信号也是由有线网提供的，比如家里的非对称数字用户环路（Asymmetric Digital Subscriber Line，ADSL）、小区宽带等，只要接一个无线路由器，就可以把有线信号转换成 Wi-Fi 信号。

目前，国外很多发达国家城市里到处覆盖着 Wi-Fi 信号。我国也有许多地方开始实施“无线城市”工程，使这项技术得到推广；而在 4G 牌照没有发放的试点城市，则是使用 4G 转 Wi-Fi 让市民试用。

Wi-Fi 无线网络和 3G 技术的区别在于：3G 在高速移动时传输质量较好，但静态情况下用 Wi-Fi 上网就足够了。

Wi-Fi 无线网络与有线网络比较起来，有许多优点。

1. 无须布线

Wi-Fi 最主要的优势在于不受布线条件的限制，因此非常适合移动办公用户的需要。目前 Wi-Fi 无线网络已经从传统的医疗保健、库存控制和管理服务等特殊行业向更多的行业拓展，很多教育机构领域也引入了 Wi-Fi 无线网络。

2. 健康安全

Wi-Fi 无线网络使用的方式并非像手机那样直接与人接触，因此相对比较安全。

3. 简单的组建方法

一般架设无线网络的基本配备就是无线网卡及一台 AP，如此便能以无线的模式配合既有的有线架构来分享网络资源，且架设费用和复杂程序远远低于传统的有线网络。

4. 长距离工作

虽然无线 Wi-Fi 的工作距离不长，但在网络建设完备的情况下，IEEE 802.11b 的真实工作距离可以达到 100 米以上，而且还能解决高速移动时数据的纠错问题和误码问题。另外，Wi-Fi 设备与设备、设备与基站之间的切换和安全认证也无须担心。

8.1.2 Wi-Fi 走进智能家居时代

Wi-Fi 是由网络桥接器（Access Point，AP) 和无线网卡组成的无线网络，任何一台装有无线网卡的 PC 均可通过网络桥接器去分享网络资源。因为网络桥接器是传统的有线局域网络与无线局域网络之间的桥梁，其工作原理相当于一个内置无线发射器的集线器或者是路由，而无线网卡则是负责接收由 AP 所发射信号的

client 端设备。相比于传统智能家居系统采用的有线布网方式，Wi-Fi 技术的应用具有更好的可扩展性、移动性。因此，采用无线智能控制模式是智能家居发展的必然趋势。

Wi-Fi 用于智能家居中，除了可减少布线麻烦之外，最大的优势是将联网家居设备与网络无缝对接，不需要过多考虑信号转变的问题；同时，和其他的无线通信技术相比，Wi-Fi 的成本低、开发难度小，非常适合智能家居初始创业企业；再加上前面介绍过的 Wi-Fi 技术的传输速率快、无线覆盖范围广、渗透性高、移动性强等特点，可以看出 Wi-Fi 技术非常适用于智能家居领域。

无线智能网关应用就是智能家居应用的一个代表，主要包括一个家庭网关以及若干个无线通信子节点。在家庭网关上有一个无线发射模块，每个子节点上都包含一个无线网络接收模块；通过这些收发模块，数据就能够在网关和子节点之间进行传送。

因此用户可以轻松实现智能可视对讲以及对各种家电的智能控制，同时经过 Wi-Fi 网络控制智能网关还能实现对家电的远程控制。除了以上的应用之外，Wi-Fi 无线智能网关还具备小区商城管理应用功能。通过小区管理软件，物业管理者可以通过网关浏览各类信息；同时，还包括安防报警、信息发布、远程监控、设备自检和远程维护等应用。

在轻智能概念兴起之后，有些智能家居厂商就试着利用 Wi-Fi 来实现家居设备的相连相通，将 Wi-Fi 模块植入开关、插座、灯具、机顶盒中，作为智能家居的入口和控制中心，实现智能家居的智能化控制。目前，在这方面做得比较成功的公司有小米、百度、乐视等。

8.2 控制技术方式二：蓝牙

蓝牙（Bluetooth）是一种无线技术标准，可实现固定设备、移动设备和楼宇个人域网之间的短距离数据交换（使用 2.4 ~ 2.485GHz 的 ISM 波段的 UHF 无线电波），如图 8-2 所示。本节为大家简单介绍蓝牙以及蓝牙在智能家居领域的应用。

▲ 图 8-2　蓝牙

8.2.1 初识蓝牙

蓝牙技术始于电信巨头爱立信公司的 1994 方案，当时是作为 RS232 数据线的替代方案，主要研究移动电话和其他配件间低成本、低功耗的无线通信连接的方法。到了 1998 年，爱立信公司希望无线通信技术能统一标准便取名“蓝牙”。

如今蓝牙由蓝牙技术联盟 (Bluetooth Special Interest Group，SIG) 管理，蓝牙技术联盟下面的公司分别分布在电信、计算机、网络和消费电子等多重领域。蓝牙技术联盟主要负责监督蓝牙规范的开发、管理认证项目、维护商标权益等。蓝牙技术拥有一套专利，制造商的设备必须符合蓝牙技术联盟的标准才能以“蓝牙设备”的名义进入市场。

发展至今，蓝牙经历了好多个版本。

（1）蓝牙 1.1 与 1.2 版本：这是最早期的版本，两个版本的传输速率都仅有 748 ~ 810kbit/s。由于是早期的设计，因此通信质量并不算好，还易受到同频率产品的干扰。

（2）蓝牙 2.0+EDR 版本：蓝牙 2.0+EDR 版本的推出，让蓝牙的实用性得到了大幅的提升，传输速率达到了 2.1Mbit/s，相对于 1.2 提升了 3 倍；支持立体音效，还有双工的工作方式，即进行语音通信的同时也可以传输高像素的图片。虽然 2.0+EDR 的标准在技术上作了大量的改进，但从 1.X 标准延续下来的配置流程复杂和设备功耗较大的问题依然存在。

（3）蓝牙 2.1+EDR 版本：蓝牙 2.1+EDR 版本推出后，增加了 Sniff 省电功能，透过设定在 2 个装置之间互相确认信号的发送间隔来达到节省功耗的目的。采用此技术后，蓝牙 2.1+EDR 的待机时间可以延长 5 倍以上，具备了更加省电的效果。

（4）蓝牙 3.0 版本：随着蓝牙 3.0 版本的推出，数据传输的速率再次提高到了大约 24Mbit/s，同时还可以调用 Wi-Fi 功能实现高速数据传输。

（5）蓝牙 4.0 版本：蓝牙 4.0 版本推出后，实现了最远 100 米的传输距离，同时拥有更低的功耗和 3 毫秒低延迟。目前，iPhone5、New iPad、Macbook Pro、HTC One X 等都已应用了蓝牙 4.0 技术。

8.2.2 蓝牙走进智能家居时代

相对于 Wi-Fi，蓝牙稍显弱势；但其实蓝牙是生活中一种很普遍却重要的通信方式，也是无线智能家居一种主流的通信技术。在所有无线技术中，蓝牙在智能家居领域已经迈出了很大一步。

目前手机、电脑、耳机、音箱、汽车、医疗设备等都集成了该技术，同时还有部分家居设备也加入了进去。基于蓝牙技术设计的方案可以使数据采集和家庭安防监控更加灵活，还可以在一定程度上提高系统的抗干扰能力。

目前蓝牙在智能家居方面应用渐渐加强，首先由于蓝牙的普遍性，即每一台智能手机都有蓝牙无线广播设备，这使得它几乎无处不在；同时由于蓝牙自身的低耗能特点，未来的某些智能设备将会运用寿命能够持续数月甚至数年的蓝牙无线通信技术，因此蓝牙技术在这方面比其他技术拥有更大的优势。

据悉，下一代蓝牙技术将会使用网状网络，即通过和附近的蓝牙无线设备连接，可以辐射更广的范围。假设在一个家庭里装上几个蓝牙智能灯泡，无线网络就可以覆盖整个家庭，所以蓝牙的性能在不断地提升也是它比其他技术拥有更大优势的原因。蓝牙拥有的底层软件也是原因之一，这种底层软件使用标准的配置文件层——GATT Profile 层，几乎可以自动和蓝牙智能家居网络连接。

此外，蓝牙技术还可以置入体积较小的智能家居单品中，如智能手环、手表、智能秤等，在安全性和能耗方面都有提升；同时，蓝牙的独有身份识别功能也成为其在智能家居领域发展的优势。

8.3 控制技术方式三：Z-Wave

Z-Wave 是由丹麦公司 Zensys 一手主导的无线组网规格，是一种新兴的基于射频、低成本、低功能、低功耗、高可靠的适用于网络的短距离无线通信技术，如图 8-3 所示。本节笔者为大家介绍 Z-Wave 以及 Z-Wave 在智能家居领域的应用。

▲ 图 8-3　Z-Wave

8.3.1 初识 Z-Wave

Z-Wave 作为短距离的无线通信技术，其工作频段为美国 908.42MHz / 欧洲 868.42MHz。目前这两个频段都是免授权频段，国内主要采用的是欧洲频段。

Z-Wave 采用的是 FSK（BFSK/GFSK）调制方式，数据传输速率为 9.6kbit/s，信号的有效覆盖范围在室内为 30 米，在室外可超过 100 米，适合窄带宽应用场合。

随着人们生活需求的多样化，各种通信技术的通信距离在慢慢增大，设备的复杂度、功耗以及系统成本也都在增加。相对于现有的各种无线通信技术，Z-Wave 技术具有结构简单、成本低廉、性能可靠等特点，算是目前最低功耗和最低成本的技术。

说到 Z-Wave 的网络结构，每一个 Z-Wave 网络都拥有独立的网络地址，控制节点负责分配网络内每个节点的地址。每个网络最多可容纳 232 个节点，包括控制节点在内。虽然控制节点可以有多个，但主控制节点只有一个；主控制节点负责所有网络内节点的分配，其他控制节点只是转发主控制节点的命令而已。对于已入网的普通节点，所有控制节点都可以控制；而没入网的节点，可以通过控制器与受控节点之间的其他节点，以路由的方式来完成控制。

8.3.2 Z-Wave 走进智能家居时代

随着各种短距离无线技术的发展，家庭智能化所带来的机遇正在成为现实。在已出现的各种短距离无线通信技术中，Z-Wave 以其结构简单、成本低、接收灵敏等特点成为其他无线通信技术强有力的竞争者。

在最初设计时，Z-Wave 技术的定位就是智能家居无线控制领域。Z-Wave 可将任何独立的设备转换为智能网络设备，从而可以实现控制和无线监测。与同类的其他无线技术相比，Z-Wave 技术专门针对窄带应用并采用创新的软件解决方案取代成本高的硬件，因此只需花费其他类似技术的一小部分成本就可以组建高质量的无线网络。除此之外，Z-Wave 还具备拥有相对较低的传输频率、相对较远的传输距离和一定的价格优势等特点。

Z-Wave 技术设计目前用于住宅、照明商业控制以及状态读取应用等方面，例如抄表、照明及家电控制、HVAC、接入控制、防盗及火灾检测等。而采用 Z-Wave 技术的产品涵盖了灯光照明控制、窗帘控制、能源监测以及状态读取应用、娱乐影音类的家电控制。可以说，Z-Wave 技术基本覆盖了人们家居生活的方方面面。

8.4 控制技术方式四：ZigBee

ZigBee 技术是一种短距离、低功耗、低速率、低成本、高可靠、自组网、低复杂度的无线通信技术，如图 8-4 所示。其名称来源于蜜蜂的八字舞，由于蜜蜂（bee）是靠飞翔和“嗡嗡”（zig）地抖动翅膀来与同伴传递花粉所在方位信息的，也就是说蜜蜂依靠这样的方式构成了群体中的通信网络，因此 ZigBee 又称紫蜂协议。

▲ 图 8-4 ZigBee

8.4.1 初识 ZigBee

ZigBee 是基于 IEEE802.15.4 标准的低功耗局域网协议，主要适用于自动控制和远程控制领域，可以嵌入各种设备。ZigBee 作为一种无线连接技术，可工作在 2.4GHz（全球流行）、868MHz（欧洲流行）和 915MHz（美国流行）3 个频段上。2.4GHz 的物理层支持空气中 250kbit/s 的速率，而 868/915MHz 的物理层支持空气中 20kbit/s 和 40kbit/s 的传输速率。

ZigBee 的通信距离从 75 米到几百米、几千米，还能无限扩展。简而言之，ZigBee 就是一种便宜的、低功耗的近距离无线组网通信技术。它可以嵌入各种设备，主要用于在距离短、功耗低且传输速率不高的各种电子设备之间进行数据传输。ZigBee 协议从下到上分别为物理层 (PHY)、媒体访问控制层（MAC）、传输层（TL）、网络层（NWK）、应用层（APL）等。其中，物理层和媒体访问控制层遵循 IEEE 802.15.4 标准的规定。

ZigBee 支持 6.5 万个节点，如果某个节点不能和另一节点通信，那么这两个节点就会作为中继器与通信范围内的其他节点相连，主节点控制其他的连接点。

ZigBee 协议是由 ZigBee 联盟制定的无线通信标准。2002 年下半年，日本三菱电气公司、英国 Invensys 公司、美国摩托罗拉公司以及荷兰飞利浦半导体公司集体加入 ZigBee 联盟，共同研发“ZigBee”无线通信标准。这一事件也成为了 ZigBee 技术发展的里程碑。

ZigBee 联盟的目的为在全球统一标准上实现简单可靠、价格低廉、功耗低、无线连接的监测和控制产品，其现有的理事公司包括 BM Group、Ember 公司、飞思卡尔半导体、三菱电机、Honeywell（霍尼韦尔）、飞利浦、摩托罗拉、三星电子、西门子及德州仪器。

8.4.2 ZigBee 走进智能家居时代

近年来，ZigBee 技术被广泛运用到家居智能化领域中。该技术在智能家居中具备以下优势。

（1）抗干扰力强：ZigBee 收发模块采用的是 2.4GHz 直序扩频技术，比一般的 FSK、ASK 和跳频的数传电台，具有更好的抗干扰能力。

（2）保密性好：ZigBee 采用通用的 AES-128 加密算法，可提供数据完整性检查和鉴定权力功能。

（3）传输速度快：ZigBee 采用短帧传送模式。

（4）可扩展性强：因 ZigBee 组网容易，且自我恢复能力强，所以在智能家居中更容易进行扩展，增加新设备。

目前，ZigBee 技术在智能照明领域已经开始普及。除此之外，ZigBee 在智能家居的其他领域也渐渐发挥着重要的作用。虽然 ZigBee 技术在智能家居的某些领域中发挥着各种各样的优势，但是一些缺点也制约着 ZigBee 技术在智能家居领域中的应用和推广。只有灵活运用 ZigBee 技术的优点，并且克服其缺点，才能够更好地提供高性价比、高可靠性的智能家居产品。

8.5 控制技术方式五：C-Bus

C-Bus 是一种以非屏蔽双绞线作为总线载体，广泛应用于建筑物内照明、空调、火灾探测、出入口、安防等系统的综合控制与综合能量管理的智能化控制系统，如图 8-5 所示。本节笔者为大家介绍 C-Bus 以及 C-Bus 在智能家居中的应用。

▲ 图 8-5　C-Bus

8.5.1 初识 C-Bus

C-Bus 所有的输入和输出元件都自带微处理器且通过总线互联，因此它是一个灵活的控制系统。输入元件发送外部信息，然后通过总线到达相应的输出元件并按预先编好的程序对设备进行控制；同时用户可以按照需求对输入、输出元件进行编程，以适应任何使用场景。

主控制器和总线连接器是 C-Bus 系统的核心，主控制器的作用如图 8-6 所示。

▲ 图 8-6 主控制器的作用

8.5.2 C-Bus 走进智能家居时代

C-Bus 在智能家居中的应用主要以照明控制系统为主。随着现代科技的飞速发展，传统的开关控制已经不能满足人们对照明的需求；现代照明设计也不仅仅是满足建筑楼房或家居住宅的照明标准，还要从人们生理、心理和精神上的需求出发，做出让人们满意的设计。C-Bus 智能化照明管理系统正是这样一个以满足各方需求为主的、完整的能源管理系统方案。

C-Bus 控制系统为人类居住环境提供了多种接收指令的方式，如图 8-7 所示。

▲ 图 8-7 C-Bus 多种接收指令的方式

C-Bus 产品的安装方式与安装常用灯的开关一样，其控制按键产品有 3 种：一键、二键和四键。用户可以对每一个键进行编程，实现多键灯光场景控制的功能，以适应不同场所对灯光系统的不同要求。另外，C-Bus 系统的组合和扩展方式十分方便和灵活。现实生活中，只用一根普通的网线即可实现所需的全部功能，而多个 C-Bus 系统之间的联系也只需通过一根普通的网线就可实现。

C-Bus 系统的主要特点如下。

① C-Bus 系统线路简单，安装方便，易于维护，线材料消耗少，降低了建筑开发商的收入成本和维修管理费用。

② C-Bus 运用先进的电力电子技术，不但能实现单点、双点、多点、区域、群组控制、定时开关、场景设置、红外线探测、亮度手 / 自动调节、遥控、集中监控等

多种照明控制，还能优化能源的利用，降低运行费用。

③对于用户需求和外界环境的变化，C-Bus 不用改造线路，只需修改软件设置，就可以调整照明布局和扩充功能，大大降低了改造费用并缩短了改造周期。

④ C-Bus 的控制回路工作电压为安全电压 DC36V，能够防止开关面板意外漏电时侵害到用户的人身安全；而且由于 C-Bus 系统中每个输入输出单元里都预存有系统状态和控制指令，因此即使无人值守系统也会根据预先设定的状态恢复正常工作。

⑤ C-Bus 系统具有开放性。

第9章

三大关键技术，智能化的应用

智能家居领域中，最关键的三大信息技术是什么？这些关键技术诸如人工智能信息技术、云计算、大数据等又是如何在智能家居领域中应用的？本章笔者将为大家介绍智能家居的三大关键信息技术。

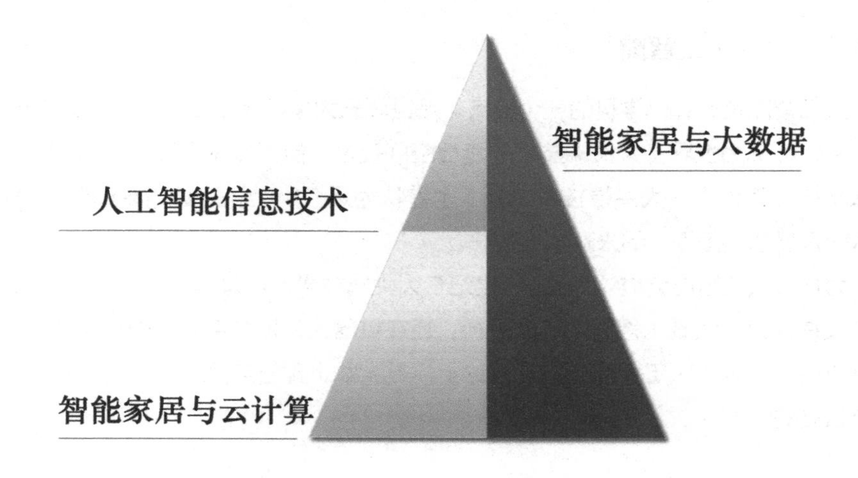

9.1 人工智能信息技术

“人工智能”一词最初是在 1956 年，以麦卡塞、明斯基、罗切斯特和申农为首的一批科学家聚会时，探讨用机器模拟智能的一系列有关问题时提出的。从那以后，研究者们发展了众多理论和原理，人工智能的概念也随之扩展应用开来。

人工智能（Artificial Intelligence，AI）是计算机科学的一个分支，是研究、开发用于模拟、延伸和扩展人的智能的理论、方法、技术及应用系统的一门科学，主要是生产出一种新的能以与人类智能相似的方式做出反应的智能机器。

人工智能是一门富有挑战的科学，从诞生以来其理论和技术日益成熟，应用领域也不断扩大。该领域的研究主要包括图 9-1 所示的内容。可以设想，未来人工智能带来的科技产品，将会是人类智慧的结晶。如果要用一句话来形容人工智能，那就是："人工智能是对人的意识、思维的信息过程的模拟。人工智能不是人的智能，但能像人那样思考，也可能超过人的智能。"

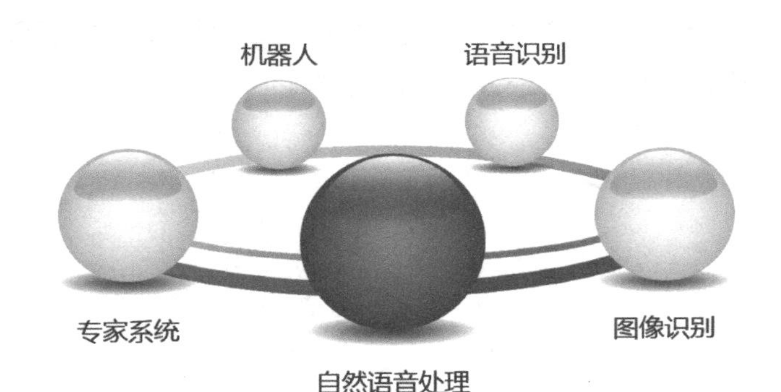

▲ 图 9-1　人工智能的研究内容

9.1.1 初识人工智能

人工智能是计算机学科的一个分支，是世界三大尖端技术之一。自 20 世纪 70 年代以来，被称为世界三大尖端技术的包括空间技术、能源技术以及人工智能。人工智能除了被称为世界三大尖端技术之外，也被认为是 21 世纪三大尖端技术（其他两大技术分别是基因工程、纳米科学）之一。

为什么人工智能会被认为是 21 世纪三大尖端技术？这是因为近 30 年来，人工智能不仅在计算机领域内得到广泛的重视，还在机器人、控制系统、仿真系统中得到了广泛应用。如今，人工智能无论在理论上还是实践上都已自成一个系统，并逐步成为一个独立的分支。

就本质而言，人工智能主要是研究使计算机来模拟人的某些思维和智能行为（如学习、推理、思考、规划等）的过程。对于人的思维模拟可以从两条道路进行，如图9-2所示。现代电子计算机的产生便是对人脑思维功能的模拟，是对人脑思维信息过程的模拟。

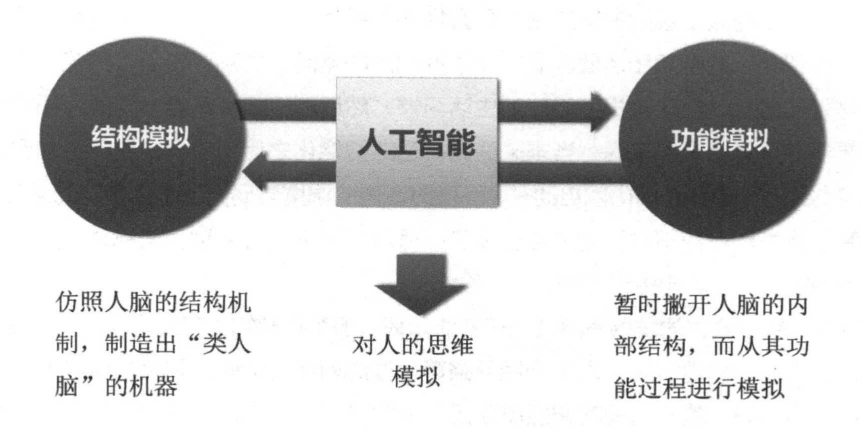

▲ 图 9-2　人工智能对人的思维模拟

人工智能不仅涉及计算机科学，还涉及心理学、哲学和语言学等学科，已远远超出了计算机科学的范畴。它与思维科学之间是实践和理论的关系，人工智能处于技术应用层次，思维科学处于理论层次，因此人工智能是思维科学的一个应用分支。

从思维观点上看，要想促进人工智能取得突破性的发展，那就不仅仅要考虑逻辑思维，还要考虑形象思维和灵感思维。数学常被认为是多种学科的基础科学，同时数学也进入了语言、思维领域，因此人工智能学科也必须借用数学工具；而且数学不仅是在标准逻辑、模糊数学等范围发挥作用，等数学进入人工智能学科后，它们将互相促进彼此更快地发展。

9.1.2 人工智能与智能家居

清晨，轻柔的起床歌曲把家的主人从美梦中唤醒，窗帘在晨光中自动拉开，中央空调和浴室热水调到舒适的温度，厨房电器备好了丰盛早餐，于是美好的一天由此开启；而当家的主人下班回家，灯光自动开启，窗帘轻轻拉上，室温调到最舒适的温度，美味晚餐新鲜出炉，电视上播放着家的主人想看的节目；晚上，恰到好处的热水，定时播放的安眠乐曲将家的主人送入梦乡……诸如此类，这不是科幻大片中的场景，而是如今已经成为现实的智能家居蓝图。

目前来看，智能家居的发展已走过了两个阶段：一是利用互联网技术实现的联网控制阶段，诸如市面上到处可见的智能插座、智能水壶等；二是利用物联网技术实现的家电互联互通阶段，此阶段主要是通过把终端接入传感器，然后通过一系列刺激去触发其他设备的联动。走完前面两个阶段，就要进入人工智能阶段，即实现人与物之间的交互，让家电与人进行沟通，并执行人们想要做的事。

未来真正的人工智能家居应该是什么样的？具体来说，未来的人工智能家居要具备人类的智能，能感知和读懂人心，能根据用户的年龄、性别、学历、兴趣、工作、地域等基本信息，自动分析出用户的生活习惯，然后形成一种思维，同时为用户提供他们想要的服务。举例来说，当未来达到真正的智能化之后，主人一进门，想到开灯灯就自动亮了，想到开门门就自动开了，同时室内的温度自动调到主人喜欢的温度等。这些智能行为动作都不需要用户自己设定或通过终端来进行控制，全都是在人工智能技术的控制下，家电自主进行的。

目前，智能家居的发展虽然还处于初级阶段，但是在感知上已经取得了一点成就，例如人脸识别、图像识别、人工神经网络等。虽然如此，这些也只是初步实现了智能化而已。可以说，这一时期的智能家居还只是智能硬件与家居产品的一种物理结合，未来的人工智能要走向成熟还需要很长一段时间。

9.2 智能家居与云计算

云计算（Cloud Computing）是一种基于互联网的新型计算方式，云是网络、互联网的一种比喻说法。通过这种方式，共享的软硬件资源和信息可以按需提供给计算机和其他设备。

在智能家居发展领域，云计算已经是一种重要的技术手段．因为智能家居所有功能都建立在互联网与移动互联网这个基础上，而且拥有庞大的硬件群，这个硬件群搜集了庞大的数据，因此这就需要容量足够大的存储设备来将这些数据存储起来。但目前大多数的存储设备都很难达到这个要求，因为它们很难跟得上存储所需的增长速度，同时它们都有一个缺陷，那就是数据容易丢失、损坏。在这种情况下，云计算应运而生，并将庞大的数据集中起来而实现自动管理。

9.2.1 云计算的特点

云计算这个概念，从互联网诞生以来就一直存在。很久以前，人们主要购买服务器存储空间来存储文件，当需要文件的时候，再从服务器存储空间里把文件下载下来。其实，这种存储空间形式和 Dropbox 或百度云的存储模式并没有太大的区别。

云计算是用户通过网络将计算处理程序自动拆分成无数个小的子程序，被拆分后的程序再交由多部服务器所组成的更庞大的系统，经一系列的分析计算后将处理的结果回传给用户的大规模分布式计算技术。其主要特点有以下几点。

（1）超大规模：Google 云计算目前已经拥有 100 多万台服务器，微软、IBM、Yahoo 等的“云”也均拥有几十万台服务器。由此可见，“云”的规模庞大。

（2）虚拟化：用户只需要一台笔记本或者一部手机，就能通过云计算在任意位置、使用各种终端获取应用服务。这里所请求的资源来自“云”，而不是固定的有形的实体。

（3）高可靠性：“云”具备高可靠性，因其使用了数据多副本容错、计算节点同构可互换等措施。

（4）通用性：在“云”的支撑下，云计算可以构造出千变万化的应用。

（5）高可扩展性：为满足应用和用户规模增长的需要，“云”具备动态伸缩的功能。

（6）极其廉价：用户按需购买“云”，同时“云”的通用性使资源的利用率比传统的提升了很多，因此用户可以充分享受“云”的低成本优势；同时又由于“云”的特殊容错措施可以采用极其廉价的节点来构成云，因此企业无须负担高昂的数据中心管理成本。

9.2.2 云计算与物联网结合

随着科技不断发展和成熟，云计算与物联网也互相依存、互相促进，在智能家居领域中大行其道。

从量上看，物联网将传感器如 RFID、视频监控等采集到的大量数据，通过宽带互联网和无线传感网向存储设施累积。如果使用云计算来承载这些数据，那么在性价比方面就具备显著的优势，因此物联网的发展离不开云计算的支撑。

从质上看，使用云计算设施对数据进行处理分析，可以让人类对物理世界进行精细化管理和控制。

由此可以看出，云计算因其高效的处理能力、存储能力和性价比优势，自然而然地成为了物联网的支撑平台；同时，物联网也将为云计算取得更大商业成功奠定基石，并成为其最大的客户。

9.3 智能家居与大数据

大数据（Big Data）又称巨量资料，指的是需要新处理模式才能具有更强的决策力、洞察力和流程优化能力的海量、高增长率和多样化的信息资产。

大数据与云计算的关系密不可分，大数据主要是对海量数据的挖掘，因此它需要采用分布式计算架构进行处理。在这种情况下，云计算的分布式处理、分布式数据库、云存储或虚拟化技术就十分关键了。大数据分析相比于传统的数据仓库应用，其特点可用 4V 来概括，如图 9-3 所示。

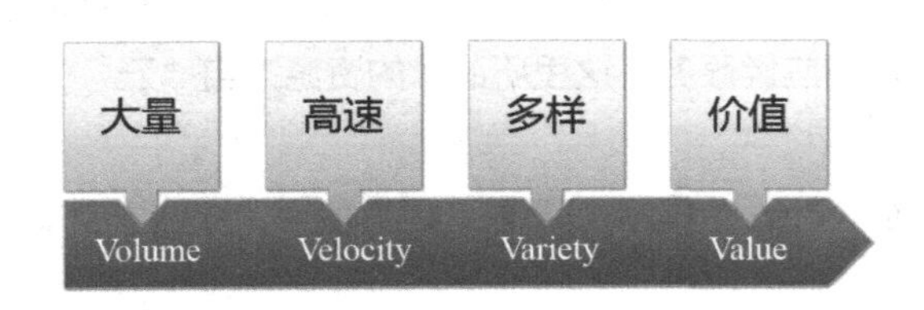

▲ 图 9-3　大数据的 4V 特点

大数据时代已经来临，并已经在众多领域里掀起了变革的浪潮。针对不同领域的大数据应用模式、商业模式研究，将是大数据产业健康发展的关键。在智能家居领域，大数据的核心在于为客户挖掘数据中蕴藏的价值。未来在国家的战略支持下，通过国内外的 IT 龙头企业以及众多创新企业的积极参与，大数据产业的未来发展前景会越来越广阔。

9.3.1　深析大数据

相比于其他技术，大数据的价值在于对海量数据的存储和分析能力。除此之外，大数据的“价格低、速度快、能力优”这 3 方面的综合评价也让它比其他技术更受人们的青睐。

随着人们通过网络生活、学习、工作等习惯的养成，大数据蕴含的价值渐渐被众多企业和部门察觉。2012 年 3 月 22 日，美国政府宣布投资 2 亿美元拉动大数据相关产业发展，并将“大数据战略”上升为国家战略，而且美国政府还将大数据定义为“未来的新石油”；2013 年 5 月 10 日，阿里巴巴马云在淘宝十周年晚会上发表演讲时说：“在大家还没搞懂 PC 时代的时候，移动互联网已经来了，在还没有搞懂移动互联网的时候，大数据时代就来了。”

大数据时代来临后，微软公司生产了一款软件，这款数据驱动的软件主要是帮工程建设节约资源、降低能源浪费。微软团队一直致力于此项研究，主要通过采集取暖器、空调、风扇以及灯光等积累下来的数据，探索如何才能够杜绝或降低能源浪费。由此可以看出，他们的目标不仅是节约能源，还是基于大数据的智能化运营。

从海量数据中挖掘出有用的信息，这需要强大的数据处理能力，因此大数据需要特殊的技术来处理相关的数据。目前，适用于大数据的技术有大规模并行处理（MPP）数据库、数据挖掘电网、分布式文件系统、分布式数据库、云计算平台、互联网和可扩展的存储系统等。

大数据将会为人类创造更多的价值，它就像是互联网发展阶段的一种特征，在以云计算等创新技术的支撑下，这些原本很难收集和使用的数据开始容易被利用起来，并通过各行各业的不断创新和努力发挥着其重要的作用。

9.3.2 大数据与物联网

智能家居的发展离不开物联网的推动，因为它是物联网产业链中的重要一环；而大数据技术的来临使得物联网的发展成为可能，也对智能家居市场产生了很大的影响。例如，企业商家能够通过云计算、大数据等技术分析用户的消费习惯，了解到用户的喜好，或者从用户的评价中对产品或服务进行有针对性的改进，而且还能了解每天产品的售出量。

2014 年初，谷歌以 32 亿美元收购智能家居公司 Nest。究其原因有两点：第一，智能家居前景巨大；第二，Nest 背后的数据蕴含强大的信息资源。谷歌就是看中了这一点，在收购 Nest 背后的数据库将成为其又一大数据来源。

同时，阿里巴巴和国美在杭州宣布开展智能家电领域的合作；美的推出物联网智能空调；海尔也在上海发布了 U+ 智慧生活操作系统，在这个操作系统上用户只需 12 秒就可以实现与所有智能家居终端的互联互通。

物联网、云计算、移动互联网、车联网、平板电脑、手机、PC 以及各种各样的传感器，全都是数据的来源或者数据承载的方式。无论是多媒体、服务，还是家电物联网，它们的智能化都离不开大数据、物联网技术的支撑。

大数据、物联网等技术的发展，为近几年的智能家居带来了长足的、深远的影响，也推动了智能家居从有线模式转化为无线模式的发展进程，让操作更加简捷方便、安全可靠。在这些进步中，云计算也发挥了重要作用，让用户可以将家中智能家居的相关信息储藏在云端；通过云计算，用户可以在任意时间、任意位置对家中的智能家居进行相应的控制。

不得不说，大数据、云计算的出现确实为智能家居带来了极大的推动力；但同时，业界也一直对智能家居的数据安全问题感到质疑。虽然将所有的家电设备与互联网连接在一起，生成一组关于人们生活的数据，数据会被存储到某个云端服务器上，看起来实现了智能化，实则可能蕴藏着更大的麻烦，因为黑客有可能会利用这些数据入侵。因此在智能家居极速发展的潮流中，人们不得不面对隐私安全这个重要的问题。

大数据时代，面对日益严峻的智能家居数据安全问题，如何保护和适度利用这些数据，为用户提供一个有隐私并且相对安全的网络环境，将是众行业接下来不得不去面对的问题。

第 10 章

多媒体技术，计算机交互与操控

多媒体、语音识别、体感交互、虚拟现实等技术的兴起，为智能家居带来了不可思议的发展，这些技术与智能家居是如何进行交互的？本章笔者将为大家介绍智能家居重要的技术。

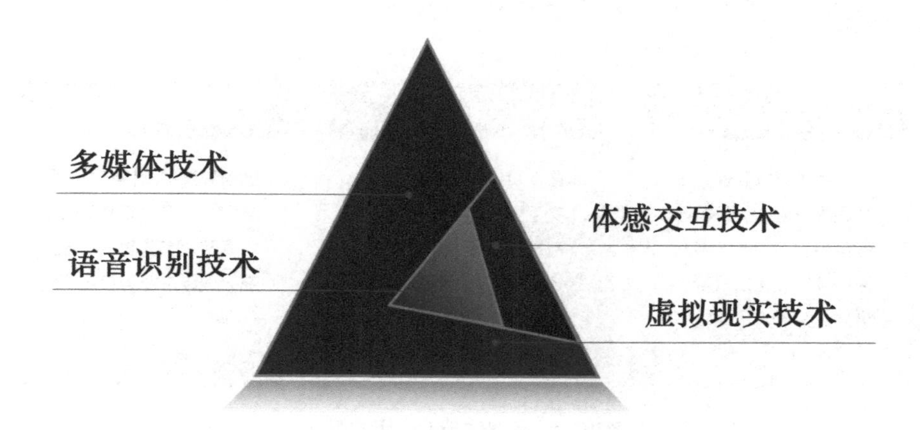

10.1 多媒体技术

多媒体技术（Multimedia Technology）是指利用电脑把文字、图形、影像、动画、声音及视频等媒体信息进行综合处理，并将其整合在一定的交互式界面上，使电脑具有交互展示不同媒体形态的能力。

多媒体技术广泛应用于图 10-1 所示的领域。它改变了人们获取信息的方法，符合人们在信息时代的阅读方式。

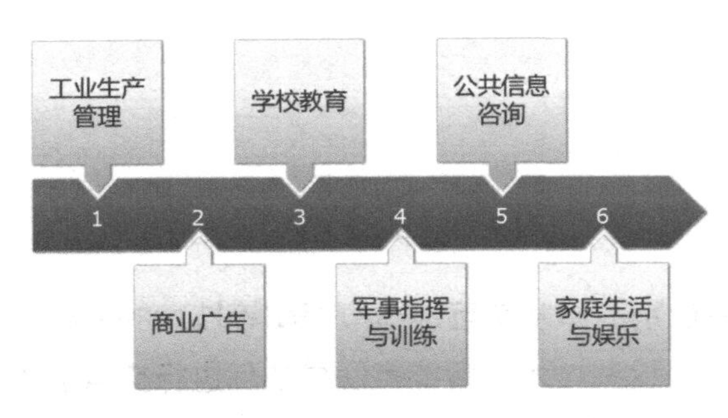

▲ 图 10-1 多媒体技术应用的领域

10.1.1 初识多媒体技术

很久以前，声卡还没有出现，但显示芯片已经出现了；这个时期虽然标志着电脑已经初具图像处理的能力，但多媒体技术还没有发展。直到 20 世纪 80 年代声卡的出现，才标志着电脑的发展开始进入了一个全新的阶段，即多媒体技术发展阶段。

多媒体计算机应用系统可以处理文字、数据和图形等信息，还可以综合处理图像、声音、动画、视频等信息，开创了计算机应用的新纪元。多媒体技术应用的意义如图 10-2 所示。

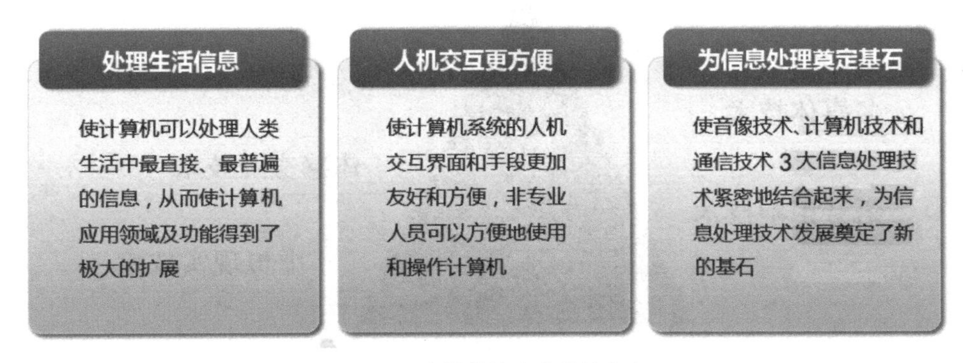

图 10-2 多媒体技术应用的意义

多媒体技术类型主要包括：文本、图像、动画、声音和视频影像等。这些类型的特点如图 10-3 所示。

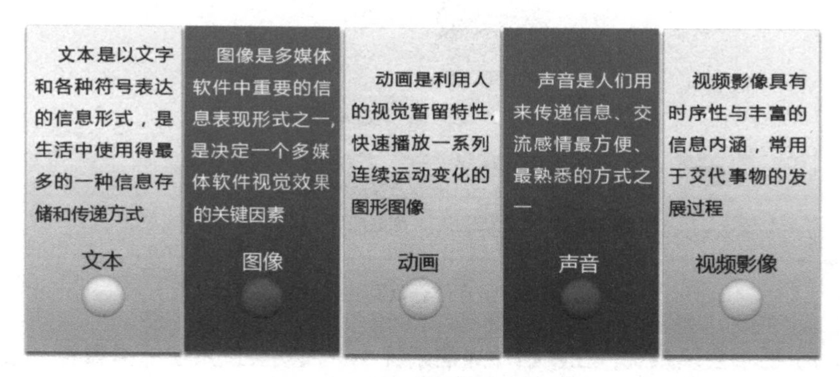

▲ 图 10-3　多媒体技术类型

多媒体通常将交互式信息交流和传播媒体融合在一起。要想进一步了解多媒体技术，就要知道它具备的如图 10-4 所示的特点。

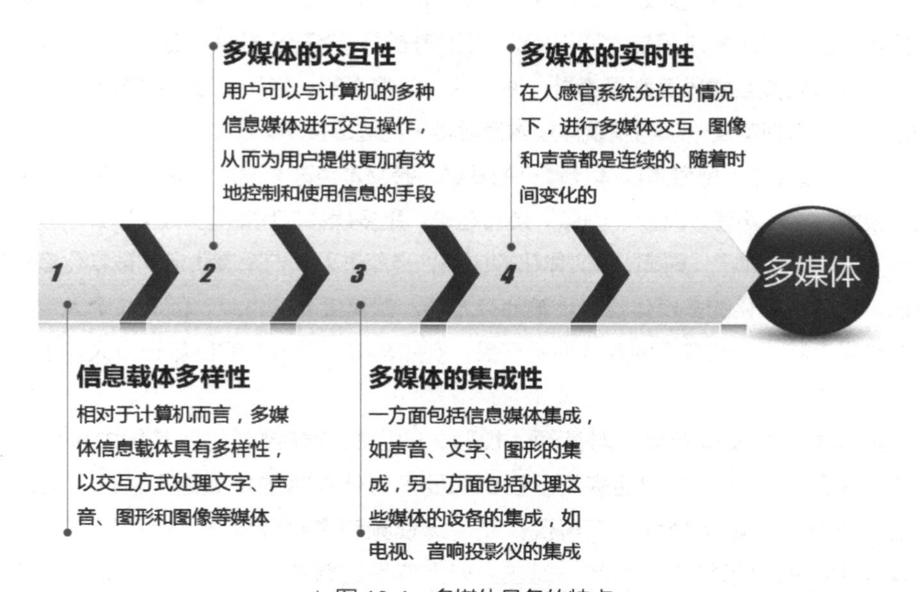

▲ 图 10-4　多媒体具备的特点

10.1.2　多媒体技术与智能家居

多媒体正改变着人们生活的方方面面。在现实生活中，多媒体的应用十分丰富，如图 10-5 所示。

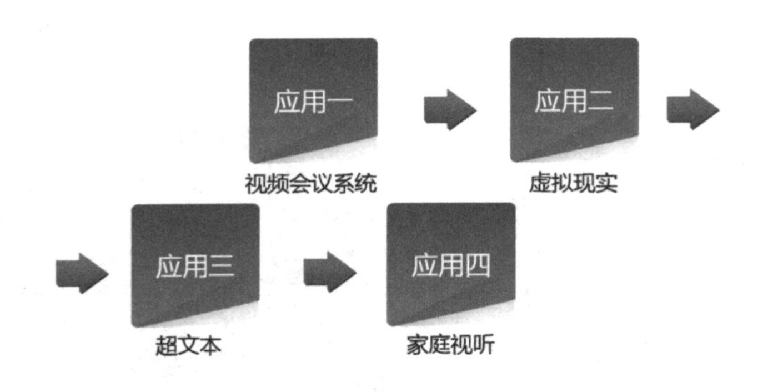

▲ 图 10-5 多媒体在现实生活中的应用

（1）视频会议系统：在多媒体通信系统中，视频会议系统非常重要，它将计算机的交互性、通信的分布性和电视的真实性融为一体。随着多媒体技术的突破、广域网的成熟以及台式操作系统的支持，视频会议系统已成为多媒体技术应用的新热点。

（2）虚拟现实：虚拟现实以模拟仿真的模式，同时综合了应用计算机图像处理、模拟与仿真、显示系统等技术和设备，给用户提供一个三维图像环境，从而构成虚拟世界。而三维交互式界面则是通过一些特殊设备提供的，例如头盔、数据手套等。总的来说，虚拟现实是一项与多媒体技术密切相关的边缘技术。

（3）超文本：随着多媒体计算机的发展，超文本也渐渐发展起来。它是一种文本处理技术，将“声音、文字、图像”结合起来，是多媒体应用的有效工具。

（4）家庭视听：多媒体最实体化的应用，当属进入人们家庭生活的数字化音乐和影像。这些数字化的多媒体具有传输储存方便、保真度高的特点，因此在个人电脑用户中广受青睐。有些专门的数字视听产品，例如音响、CD、VCD 等已经大量进入了人们的生活中。

多媒体技术发展至今，对音频、视频、图像的智能控制成为其集中应用的表现，几乎所有的多媒体智能家居设备都需要多媒体技术的集成综合管理。电视因为它的网络化和数字特性，不再仅仅是高清视频和音频播放器，还可以称为家庭多媒体中心的显示终端。因此，现在人们家庭里的智能电视机，不仅能看高清视频、欣赏高清音乐，还能拓展视频通话、电脑智能游戏、网络教育等多项智能化功能。

客厅已经渐渐成为智能家居的中心地带，如图 10-6 所示。未来，智能家居还会发展更为完善的多媒体中心，从而让人们的智能家居生活更为丰富和多样。

▲ 图 10-6 客厅成为智能家居的中心地带

10.2 语音识别技术

语音识别技术也被称为自动语音识别（Automatic Speech Recognition，ASR），是将人类语音中的词汇内容，通过机器的识别和理解过程，转换为计算机可读的输入，例如按键、二进制编码或者字符序列等。语音识别技术与说话人识别技术最大的区别在于：语音识别技术用于识别内容，而说话人识别技术主要尝试识别发出语音的说话人。

早在计算机被发明之前，自动语音识别就被提上了议程。20 世纪 20 年代，有一款 Radio Rex 玩具狗，这款玩具狗可能是最早的语音识别机器，当人们呼唤这只狗的名字时，它就会从底座上弹出来。

20 世纪 50 年代，贝尔研究所 Davis 等人成功研究出世界上第一个能识别 9 个英文数字发音的实验系统；20 世纪 60 年代，英国的 Denes 等人成功研究出第一个计算机语音识别系统；大规模的语音识别研究是在进入了 20 世纪 70 年代以后，这时的研究在小词汇量、孤立词的识别方面取得了实质性的进展。

在进入 20 世纪 80 年代以后，研究的重点逐渐转向大词汇量、非特定人连续语音识别；同时，在研究思路上也从传统的基于标准模板匹配的技术思路转向基于统计模型（HMM）的技术思路。在此时期，将神经网络技术引入语音识别问题的技术思路再次被提了出来。

1986 年 3 月，中国高科技发展计划（简称“863 计划”）正式启动，语音识别作为智能计算机系统研究的一个重要组成部分而被专门列为研究课题。在“863 计划”的支持下，中国开始了有组织的语音识别技术的研究，每隔两年就会召开一次语音识别的专题会议，这也标志着中国的语音识别技术进入了一个前所未有的发展阶段。

10.2.1 初识语音识别技术

语音识别技术的应用包括如图 10-7 所示的内容。同时，语音识别技术与其他自然语言处理技术相结合，可以构建出更加复杂的应用。例如与机器翻译、语音合成技术等相结合，可以实现语音到语音的翻译等应用。

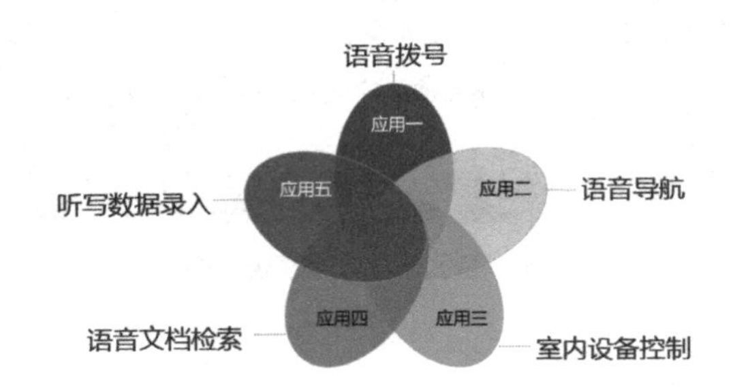

▲ 图 10-7　语音识别技术的应用

语音识别技术所涉及的领域包括如图 10-8 所示的内容。

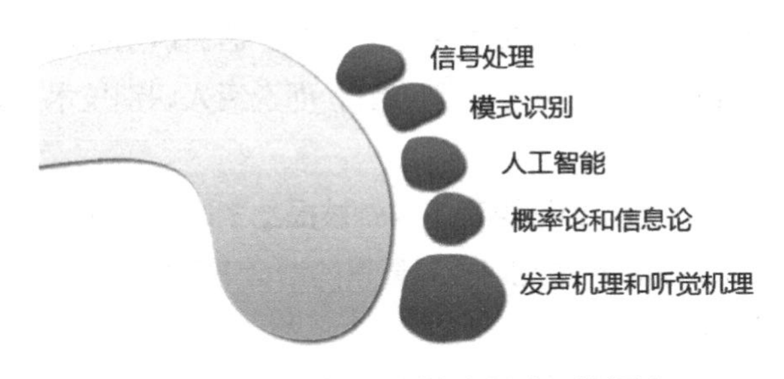

▲ 图 10-8　语音识别技术所涉及的领域

在语音识别的研究发展过程中，相关研究人员根据不同语言的发音特点，设计和制作了汉语、英语等各类语言的语音数据库。这些语音数据库可以为国内外有关的科研单位提供汉语连续语音识别算法研究和系统设计，也可以为产业化工作提供充分、科学的训练语音样本。

目前在大词汇语音识别方面处于领先地位的是 IBM 语音研究小组，他们从 20 世纪 70 年代开始进行这些研究；同时 AT&A 的贝尔研究所历经 10 年研究有关非特定人语音识别的实验，确立了如何制作用于非特定人语音识别的标准模板的方法。在这一时期所取得的重大进展有以下几点。

①隐马尔柯夫模型（HMM）技术的成熟和不断完善成为语音识别的主流方法。从 Baum 提出相关数学推理，经过 Labiner 等人研究，到卡内基 - 梅隆大学的李开复实现第一个基于隐马尔柯夫模型的大词汇量语音识别系统 Sphinx，之后的语音识别技术都和 HMM 技术挂钩。

②以知识为基础的语音识别的研究越来越受到重视。在连续语音识别时，除了能识别声学信息外，还能利用各种语言知识，诸如构词、语义、句法、对话背景方面的知识进一步对语音作出识别和理解。

③人工神经网络在语音识别中的应用研究兴起。人工神经网络大多采用基于反向传播法（BP 算法）的多层感知网络，具有区分复杂的分类边界的能力，能够帮助模式划分。由于其有着广泛的应用前景，因此成为了语音识别应用的一个热点。

语音识别需要注意图 10-9 所示的 5 个问题。

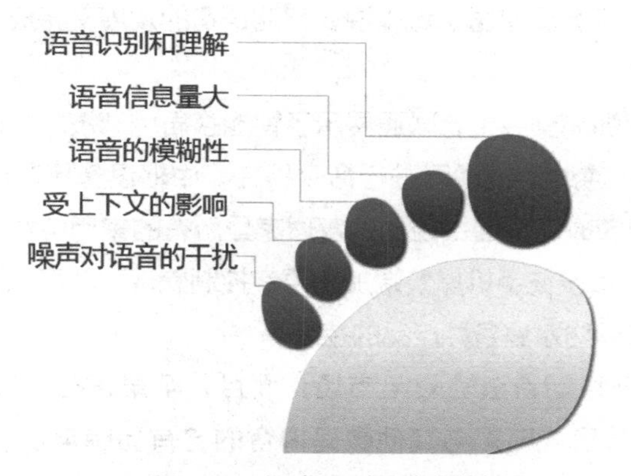

▲ 图 10-9　语音识别要注意的问题

（1）机器对语音的识别和理解：要对自然语音进行识别和理解，首先必须将连续的讲话分解为词、音素等单位，然后还要建立一个理解语义的规则。

（2）对信息量大的语音识别困难：语音模式不仅对不同的说话人不同，对同一说话人也是不同的，例如一个说话人在随意说话和认真说话时的语音信息是不同的；且同一个人的说话方式随着时间变化，各地方言之间也不一样，这在客观上对语音识别造成了一定的阻碍。

（3）对模糊性的语音识别困难：同音词为语音识别带来困扰，就好比说话者在讲话时，不同的词可能听起来是相似的。

（4）语音特性受上下文影响：单个字母或词、字的语音特性受上下文的影响，单词在不同的语境中呈现不同的重音、音调、音量和发音速度，表达的意思也不同，会使语音辨识受到干扰。

（5）噪声、干扰的影响：环境的噪声和干扰对语音识别也有十分严重的影响，使语音识别率降低。

10.2.2 语音识别技术与智能家居

在智能手机中，语音技术已经有了广泛的使用。比如，苹果的 Siri 语音控制功能，开启了“语音互联网”时代；通过语音传输的微信成为人们离不开的交流工具；手机浏览器 UC 也在研发语音声控版。

目前，很多公司都在进行语音识别技术的开发。有的公司提供位于前端的语音声控输入识别技术；有的公司针对语音声控提供类似服务器支持的技术；还有的公司则主要推出语音声控技术软件成品。

在全球物联网的时代下，智能语音控制、识别技术渐渐成为 IT 领域中的一项新兴产业。不得不说，对于智能家居领域来说，智能语音的发展又将成为潜力无限的一种发展趋势。

在 2011 年的深圳高交会上，联通展示了智能家居控制技术，即在家中设置一台中枢式的控制设备，通过手机联网进行命令操控，中枢设备接收到手机命令，通过 RFID 射频技术实现随时随地自由控制、管理家里所有的家用电器，甚至可通过实时视频进行远程监控。假设在手机操控端加上语音控制软件，就可以通过语音声控给手机发出命令，从而实现对家庭各种产品的控制。

在国外，苹果一直期待进驻彩电市场；而且，苹果正在开发一款依赖于无线网络技术存取电视节目、电影与其他数码内容的自有品牌电视机。这款电视机的主要功能是对用户语音、动作作出感应，用户可以用声控的方式搜寻节目或电视频道。也就是说，未来人们看电视想换台，只要直接动动口就可以了，如图 10-10 所示。

虽然语音控制智能家居目前还面临一些技术上的瓶颈，但是随着互联网的发展和科技技术的发展，这些问题一定能够得以解决。

▲ 图 10-10　智能声控电视

10.3　体感交互技术

体感交互技术包括体感技术和体感交互软件。体感技术是指人们直接使用肢体动作，与周边的装置或环境互动，而无须使用任何复杂的控制设备。

体感交互软件是一项无须借助于任何控制设备，可以直接使用肢体动作与数字设备和环境互动，随心所欲地操控的智能技术。

10.3.1　初识体感交互技术

要想了解体感交互技术，就要先了解体感技术和体感交互软件。

1. 体感技术

体感技术是一款不能用传统的思维模式去开发的应用产品，不能简单地利用体感技术代替鼠标键盘的点击操作，而要用全新的思维去思考如何利用体感技术与设备进行人机交互，包括 UI 设计、体验操作、动作操作设计、提示、交互方式等。依照体感方式与原理的不同，体感技术主要可分为图 10-11 所示的 3 大类。

▲ 图 10-11　体感技术分类

（1）惯性感测：以惯性传感器为主，检测和测量加速度、倾斜、冲击、振动、旋转和多自由度运动。惯性传感器包括加速度计和角速度传感器以及它们的单、双、三轴组合 IMU（惯性测量单元）、AHRS（磁传感器的姿态参考系统）。惯性传感器是解决导航、定向和运动载体控制的重要部件。

（2）光学感测：主要代表厂商为 Sony 及 Microsoft。2005 年，Sony 推出了光学感应套件——EyeToy，主要是通过光学传感器获取人体影像，再将此人体影像的肢体动作与游戏中的内容互动；2010 年，Microsoft 发表了跨世代的全新体感感应套件——Kinect，该体感感应套件号称无须使用任何体感手柄，便可达到体感的效果。而比起 EyeToy，Kinect 能同时使用激光及摄像头（RGB）来获取人体影像信息。除此之外，还能捕捉人体 3D 全身影像，具有比 EyeToy 更为进步的深度信息，而且不受任何灯光环境所限制。

（3）惯性与光学联合感测：主要代表商为 Nintendo。2006 年，Nintendo 推出 Wii，主要是在手柄上放置一个重力传感器，用来侦测手部三轴向的加速度，同时还有一个红外线传感器，用来感应在电视屏幕前方的红外线发射器信号，可用来侦测手部在垂直及水平方向的位移，从而操控空间鼠标，但这种配置的缺点是只能侦测一些较为简单的动作；2009 年，Nintendo 推出了 Wii 手柄的加强版——Wii Motion Plus，主要是在原有的 Wii 手柄上再插入一个三轴陀螺仪，如此，便可实现更精确地侦测人体手腕旋转等动作，强化了在体感方面的体验。

2. 体感交互软件

体感交互软件能够自动将体感设备模拟 Windows 操作系统的鼠标和键盘操作事件，兼容所有软件。其核心在于让计算机有了更精准有效的“眼睛”去观察这个世界，并根据人的动作来完成各种指令。

10.3.2 体感交互技术与智能家居

前面说过，体感技术主要在于人们无须使用任何复杂的控制设备，就可以很直接地使用肢体动作，与周边的装置或环境进行互动。举个例子，当人站在一台电视前方，假使有体感设备能侦测他手上的动作，若此人将手部分别向上、向下、向左及向右挥，用来控制电视台的快转、倒转、暂停以及终止等功能，这便是一种以体感操控周边装置的方式。

在智能交通、智能城市、智能社区、智能家居等领域中，体感交互技术都在不断渗透。其应用包括：3D 虚拟现实、空间鼠标、游戏手柄、运动监测、健康医疗照护等。而体感技术在智能家居中的应用包括：智能影音、智能电视、体感游戏等。体感游戏就是不用任何控制器，仅用肢体动作就可以控制游戏里的玩家，从而让用户更真实地遨游在游戏的海洋中，如图 10-12 所示。

此外家居生活中，体感交换技术还为人们创造了 3D 体感试衣镜，如图 10-13 所示。它实现了当人们站在这款 3D 虚拟试衣镜前时，装置将自动显示试穿新衣以后的三维图像。

图 10-12　体感游戏

图 10-13　3D 体感试衣镜

10.4　虚拟现实技术

虚拟现实（virtual reality）技术是人们通过计算机对复杂数据进行可视化操作与交互的一种全新方式，也称为灵境技术或人工环境。与传统的人机界面以及流行的视窗操作相比，虚拟现实在技术思想上有了质的飞跃。

10.4.1　初识虚拟现实技术

早在 20 世纪 60 年代初，随着计算机辅助设计（Computer Aided Design，CAD）技术的发展，人们就开始研究立体声与三维立体显示相结合的计算机系统；但是直到 90 年代初，虚拟现实技术才开始受到人们极大的关注。80 年代，Jaron Lanier 提出了“虚拟现实”的观点，其目的在于建立一种新的用户界面，让用户可以置身于计算机所表示的三维空间资料库环境中，然后通过眼、手、耳或特殊的空间三维装置在这个环境中“环游”，给用户创造出一种身临其境的感觉。

虚拟现实技术涉及多种领域，包括：计算机图形学、人机交互技术、传感技术、人工智能等领域。它用计算机生成逼真的三维视、听、嗅觉等感觉，使人作为参与者通过适当装置，自然地对虚拟世界进行体验和交互作用。

当使用者移动位置时，电脑可以立即进行复杂的运算，将精确的 3D 世界影像传回以产生临场感。该技术集成了多种技术的最新发展成果，如图 10-14 所示。

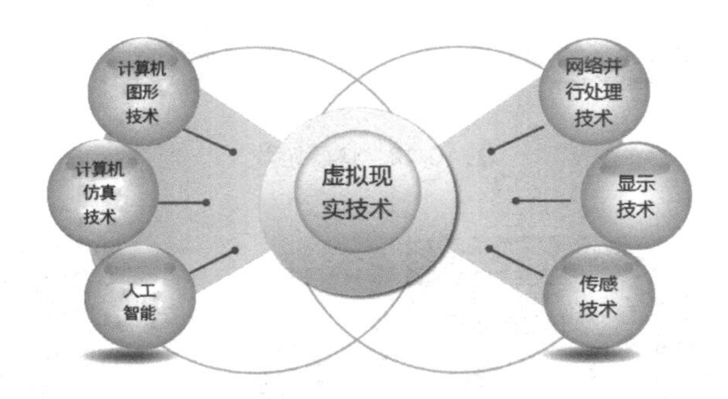

▲ 图 10-14　虚拟现实技术集成了多种技术

概括来看，虚拟现实中的“现实”和“虚拟”具体解析如图 10-15 所示。

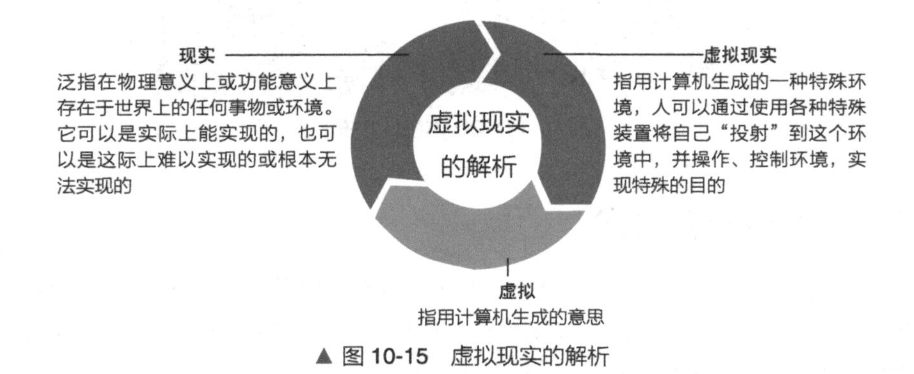

▲ 图 10-15　虚拟现实的解析

10.4.2　虚拟现实技术与智能家居

虚拟现实技术未来将渐渐成为人们日常生活的一部分，这不仅仅反映在如今虚拟现实技术开发的主要领域——游戏市场里，还将在智能家居、可穿戴设备、智能硬件以及科技介入的所有家居领域中发挥重要的作用。

虚拟现实技术在家居中的应用有两方面，一方面是室内装饰，另一方面是拓展家居空间。目前人们的家庭娱乐中已经出现了虚拟现实设备，如虚拟屏幕等，如图 10-16 所示。

目前的虚拟现实技术，已经相当于人机交互的 3.0 时代。所谓的 1.0 时代，是指人与 PC 通过键盘、鼠标点击等控制电脑为主，或者人与游戏机手柄控制游戏等；2.0 时代，便是通过触屏或者体感技术来与机器进行交互；而 3.0 时代，则是在虚拟的现实中，人机可以直接进行交互。

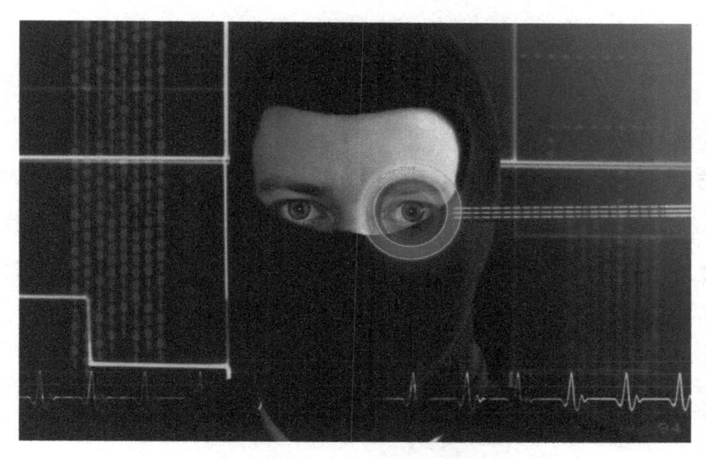

▲ 图 10-16　虚拟屏幕

斯坦福大学虚拟互动实验室（Virtual Human Interaction Lab）创始人杰里米·拜伦森（Jeremy Bailenson）有一段关于虚拟现实的视频。视频中，当人们戴上智能眼镜之后，凭借现实中的一些介质，就可以呈现一些虚拟的事物。而最令人震惊的是，用户能够通过点击与这些虚拟的事物产生交互。

随着这些技术的发展，可以想象未来人们的家居生活，虚拟现实一定会成为不可或缺的一部分，人们在家里用虚拟现实技术就能实现购物、旅游、和亲友的“面对面”交流、游戏娱乐、K 歌运动等。

第 11 章

通信技术，影响智能家居速度

通信技术与智能家居也密不可分，无论是移动通信系统，还是光纤通信与光传输网技术，都与智能家居密切相关。为了让大家对智能家居有更全面的了解，本章笔者将为大家介绍运用在智能家居领域的各种通信技术。

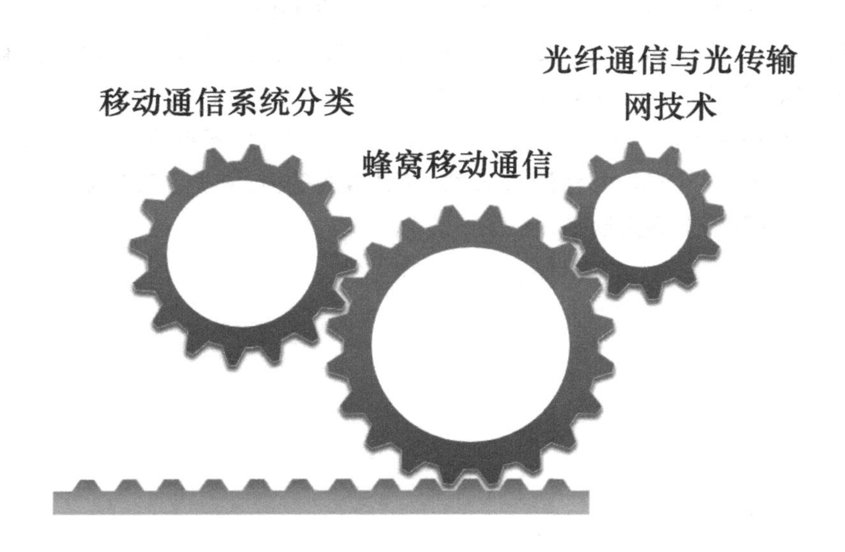

11.1 移动通信系统分类

移动通信（Mobile Communications）是指移动用户与固定点用户或移动用户之间的通信方式，即通信双方至少有一方处于运动中的通信。

从空间地理位置来说，包括陆、海、空 3 类移动通信。移动体可以是人，也可以是汽车、火车、轮船、飞机等处于移动状态中的物体。移动通信通常采用的频段遍及低频、中频、高频、甚高频和特高频等。

1864 年，麦克斯韦从理论上证明电磁波的存在；1876 年，赫兹用实验证实了电磁波的存在；1900 年，马可尼等人利用电磁波进行了远距离的无线电通信，并取得了成功，于是无线电通信时代从此来临。

移动通信系统是从 20 世纪 20 年代开始诞生的，当时美国底特律警察开始使用由美国一所大学学生所发明的车载无线电系统。到了 20 世纪 70 年代中期，美国贝尔实验室提出了小区制、蜂窝组网的理论，它在移动通信发展道路上具有里程碑的意义。自此，移动通信开始融入人们的生活。

从 20 世纪 80 年代到 2020 年，移动通信系统预计将大体经过 5 代的发展历程，到第 4 代时，也就是 4G 时代，除了蜂窝电话系统外，宽带无线接入系统、毫米波 LAN、智能传输系统 (ITS) 和同温层平台 (HAPS) 系统都将投入使用。

移动通信的种类繁多，按使用要求和工作场合不同可以分为 4 种：集群移动通信、蜂窝移动通信、卫星移动通信和无绳电话。

11.1.1 集群移动通信

集群移动通信又称为大区制移动通信，是 20 世纪 70 年代发展起来的一种灵活的移动通信系统。传统的专用无线电调度系统由于整体规划性差，型号、制式混杂，网小台多，覆盖面窄，加以噪声干扰严重，频率资源浪费等问题，因此集群移动通信诞生了。可以说，它是传统的专用无线电调度网的高级发展阶段。

20 世纪 80 ~ 90 年代是集群移动通信在专用无线电通信中占据比重较大的 10 年，是与蜂窝移动齐头并进的一种先进通信系统。

集群移动通信的特点是只有一个基站，天线高度为几十米至百余米，覆盖半径大约 30 千米，发射机功率可高达 200 瓦。

我国最早引进集群移动通信系统的城市是上海。集群移动通信很适合各个专业部门，如供部队、消防、交通、铁道、电力、金融等部门作分组调度使用。后来，北京、天津、广东、沈阳等地也相继开发了集群移动通信业务。

集群移动通信可以与基站通信，也可通过基站与其他移动台及市话用户通信。

11.1.2 蜂窝移动通信

蜂窝移动通信（Cellular Mobile Communication）也称小区制移动通信，是采用蜂窝无线组网方式，在终端和网络设备之间通过无线通道连接起来，进而实现用户在活动中的相互通信。

蜂窝移动通信的主要特征是终端的移动性，同时还具备越区切换和跨本地网自动漫游的功能，可把大范围的服务区划分为多个小区，每小区设置一个基站，负责本小区各个移动台的联络和控制，而各个基站是通过移动交换中心相互联系，并与市话局连接的。

蜂窝系统或许是当今社会最重要的通信媒体。自 21 世纪初，在全球特别是在发展中国家，随着移动通信的渗透率不断增长，其已超越了固定通信。

常见的蜂窝移动通信系统按照功能的不同可以分为 3 类，如图 11-1 所示。

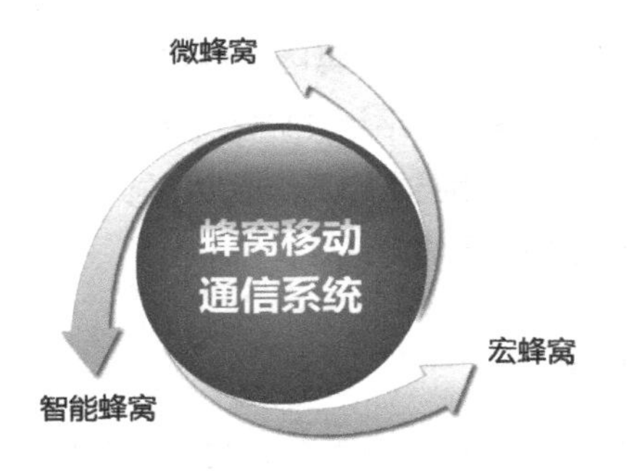

▲ 图 11-1　蜂窝移动通信系统分类

11.1.3 卫星移动通信

卫星移动通信主要是移动用户之间或移动用户与固定用户之间，利用通信卫星作为中继站而进行的通信。卫星移动通信的系统一般由图 11-2 所示的部分组成。

与其他移动通信相比，卫星移动通信具有机动性强、覆盖面积大、可靠性强、传输效率高等特点，应用范围涵盖国内通信、民用通信、军事通信以及国际通信，是所有通信系统中唯一面向全球用户、独立完整的点对点通信系统。

卫星移动通信一般包括 3 部分，如图 11-3 所示。

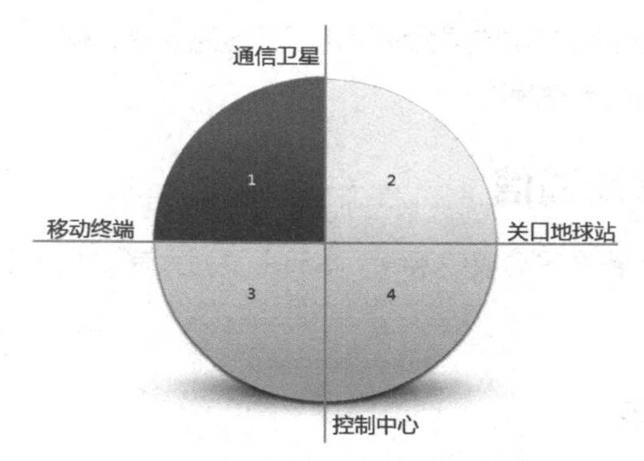

▲ 图 11-2　卫星移动通信系统的组成部分

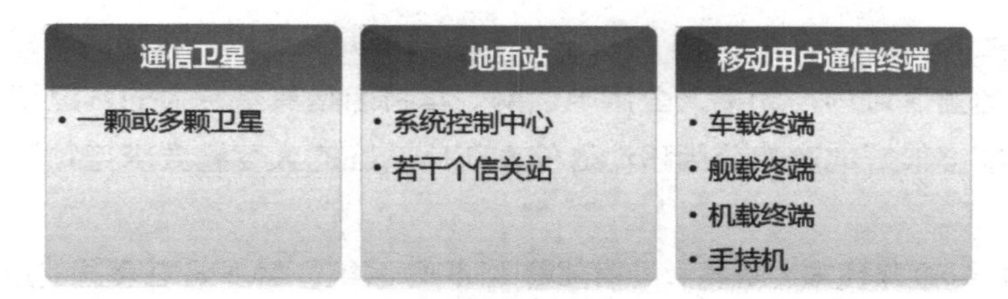

▲ 图 11-3　卫星移动通信的 3 部分

11.1.4　无绳电话

无绳电话机是一种可以进入公用电话交换网络（Public Switched Telephone Network，PSTN）的无线双工移动电话设备。它主要由一个连接到 PSTN 用户线的座机和一个或多个手持无绳电话机构成，通过无线电波媒介在限定范围内能完成普通电话机的功能。

无绳电话机发展的基础是公共市话网。20 世纪 70 年代，当时经济发达国家的 PSTN 已十分普及，用电话来解决日常生活和工作中的问题已成为人们的习惯。

虽然电话解决了人们日常生活中的一些烦恼，但是当时的电话机要用一根双芯电话线连到电话局，电话机的座机还要用一根四芯电缆连到装有话筒耳机的手柄上。因此，电话机也有限制，即不能随意移动。

后来，人们便在其他房间并联了一个分机来解决这个问题。但这依然不能解决人们想在户外活动时随意打电话的问题，于是在这种情况下，一种新型的可移动通话方式产生了，它就是无绳电话机。

在中国，无绳电话潜力将是巨大的。有关研究表明，中国无绳电话销量约占固话机销量的 5% ~ 6%，西方发达国家的无绳普及率却高达 45% 以上。随着无绳电话的价格调整、技术的成熟以及城市居民生活水平的普遍提高，智能化的无绳电话的应用将很快成为智能家居的一种潮流。

11.2　蜂窝移动通信

上节简单介绍了各个移动通信系统，本节主要为大家详细介绍一下蜂窝移动通信的 3 种类别。

11.2.1　发展阶段

1978 年，美国贝尔实验室开发了先进移动电话业务（AMPS）系统，这是第一种真正意义上的蜂窝移动通信系统。这个系统的主要特点是能随时随地通信，并且容量巨大。当时的 AMPS 系统主要采用频率复用技术，能够保证移动终端在整个服务覆盖区域内自动接入公用电话网。其特点是具备更大的容量和更好的语音质量，能够很好地解决公用移动通信系统所面临的大容量要求与频谱资源限制的矛盾。

20 世纪 70 年代末，美国大规模部署 AMPS 系统，AMPS 在美国的迅速发展促进了在全球范围内对蜂窝移动通信技术的研究；20 世纪 80 年代中期，欧洲、日本纷纷开始建立自己的蜂窝移动通信网络，其中包括英国的 ETACS 系统、北欧的 NMT-450 系统、日本的 NTT/JTACS/NTACS 系统等。这些系统被称为第一代蜂窝移动通信系统，且都是模拟制式的频分双工（Frequency Division Duplex，FDD）系统而成。

第二代蜂窝移动通信系统有 900/1800MHz GSM 第二代数字蜂窝移动通信（简称 GSM 移动通信）业务和 800MHz CDMA 第二代数字蜂窝移动通信（简称 CDMA 移动通信）业务。

900/1800MHz GSM 移动通信业务是指利用工作在 900/1800MHz 频段的 GSM 移动通信网络提供的话音和数据业务。GSM 移动通信系统的无线接口采用 TDMA 技术，核心网移动性管理协议采用 MAP 协议。

800MHz CDMA 移动通信业务是指利用工作在 800MHz 频段上的 CDMA 移动通信网络提供的话音和数据业务。

第三代数字蜂窝移动通信（简称 3G 移动通信）业务是指利用第三代移动通信网络提供的话音、数据、视频图像等业务。其主要特征是可提供移动宽带多媒体业务，其中高速移动环境下支持 144kbit/s 的速率，步行和慢速移动环境下支持 384kbit/s 的速率，室内环境下支持 2Mbit/s 的速率数据传输，并保证高可靠服务质量。

第四代蜂窝移动通信系统是集 3G 与 WLAN 于一体的技术产品，它能够传输高质量视频图像，又被称为 4G 系统。其核心技术主要是 OFDM，具有良好的抗噪声性能和抗多信道干扰能力，能以 100Mbit/s 的速度传输，能够满足几乎所有用户对无线服务的要求。

11.2.2 宏蜂窝

在蜂窝移动电话的初期，蜂窝小区的覆盖半径一般在 1 ~ 2.5 千米，由于这种覆盖半径较大，因此被称作“宏蜂窝”小区。宏蜂窝小区基站的天线尽可能做得很高，基站之间的间距也很大。因为小区的覆盖面积较大，所以在覆盖区域内往往存在两种特殊的微小区域，如图 11-4 所示。

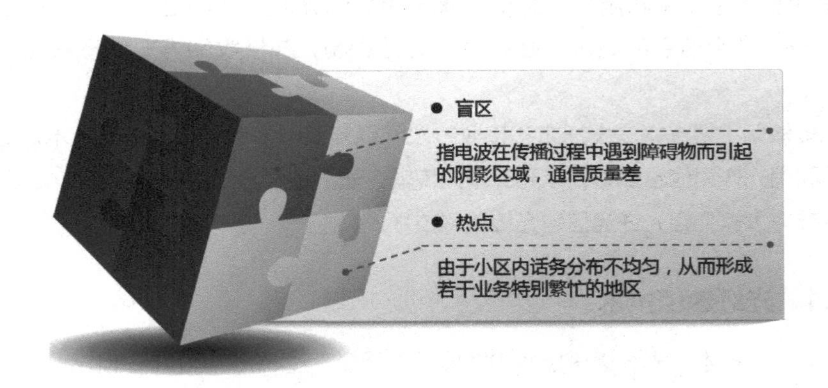

▲ 图 11-4 宏蜂窝两种特殊的微小区域

为了解决盲区和热点的问题，于是便出现了微蜂窝和微微蜂窝的技术。

11.2.3 微蜂窝

微蜂窝是在宏蜂窝的基础上发展起来的一门技术。与宏蜂窝相比，它的发射功率较小，一般在 2 瓦左右；覆盖范围小，半径为 100 ~ 1000 米；安装也更为方便。微蜂窝的基站天线一般置于相对低的地方，屋顶下方高于地面 5 ~ 10 米。

微蜂窝最初是被用来加大无线覆盖面，消除宏蜂窝中的“盲点”问题；同时由于其低发射功率的特点允许较小的频率复用距离，每个单元区域的信道数量较多。因此其业务密度得到了巨大的增长，将它安置在宏蜂窝的“热点”上，可满足该微小区域内质量与容量两方面的要求。

11.2.4 智能蜂窝

智能蜂窝指基站采用具有高分辨阵列信号处理能力的自适应天线系统，智能地监测移动台所处的位置，并以一定的方式将确定的信号功率传递给移动台的蜂窝小区。

智能蜂窝小区既可以是宏蜂窝，也可以是微蜂窝。智能蜂窝采用自适应天线阵接收技术，因此可以降低多址干扰，增加系统容量，这主要是针对上行链路而言；而对于下行链路而言，则可以将信号的有效区域控制在移动台附近，减少同道的干扰。

11.3 光纤通信与光传输网技术

光纤通信主要是利用光纤来传输携带信息的光波以达到通信目的的技术。要使光波成为携带信息的载体，必须对之进行调制，在接收端再把信息从光波中检测出来。

光传输网主要是指在发送方和接收方之间以光信号形态进行传输的技术。简单来说就是利用光作为信息载体，以光纤作为传输介质的通信方式的技术。

本节为大家介绍光纤通信与光传输网技术。

11.3.1 光纤通信技术

作为一门技术，光纤通信技术的发展历史至今不过 30 ~ 40 年，但它已经给世界通信的面貌带来了巨大的变化。光纤通信是现代通信网的主要传输手段，它的发展历程已经历了 3 代，如图 11-5 所示。

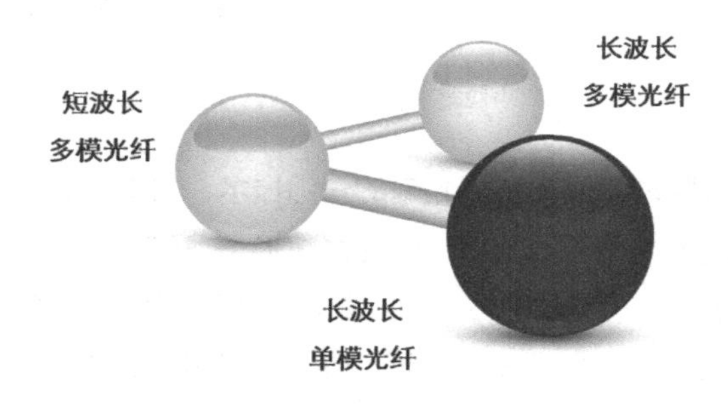

▲ 图 11-5 光纤通信发展历程

光纤通信技术给通信领域带来了一场重大的革命，其特点主要表现在图 11-6 所示的几个方面。

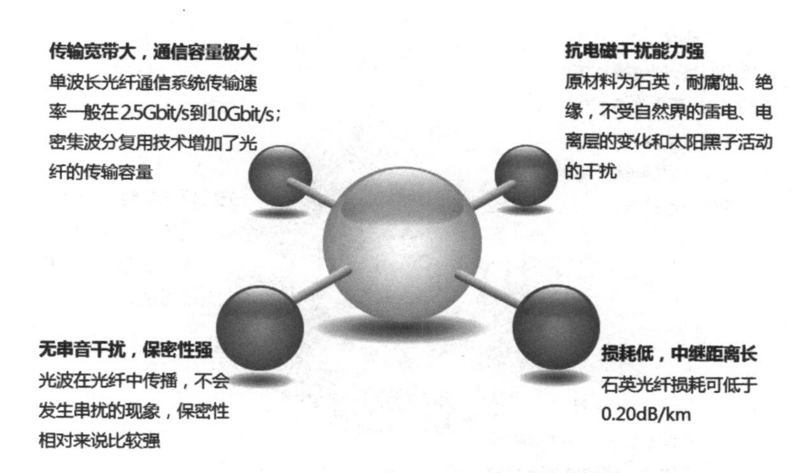

▲ 图 11-6　光纤通信技术的特点

11.3.2　光传输网技术

1966 年，高锟提出光传输理念；1976 年，光传输实用化产品问世；20 世纪 80 年代，准同步数字传输系统开始应用；20 世纪 90 年代，同步数字传输系统标准得到进一步的完善；1998 年，密集波分复用系统开始建设；2002 年，光分插复用系统、光交叉连接系统和智能光网络兴起。光传输技术经过这几十年的发展，已经进入了一个崭新的阶段。

光传输信号的工作过程是在光发射机、光纤和光接收机 3 者之间进行的。首先光发射机把输入的 RF 信号变换成光信号，这一步主要是由电 / 光变换器 (Electric-Optical Transducer，E/O) 完成，光信号再由光接收机接收，并还原成电信号。因此光传输信号的基理就是电 / 光和光 / 电变换的全过程，这个过程也称为光链路。

光纤传输系统由 3 部分组成，如图 11-7 所示。

▲ 图 11-7　光纤传输系统的组成部分

光纤传输与光纤通信的特点一样都是传输宽带大、抗干扰、传输信息量大等。除此之外，光纤传输还具备确保设备安全、保密和轻巧的特点，如图 11-8 所示。

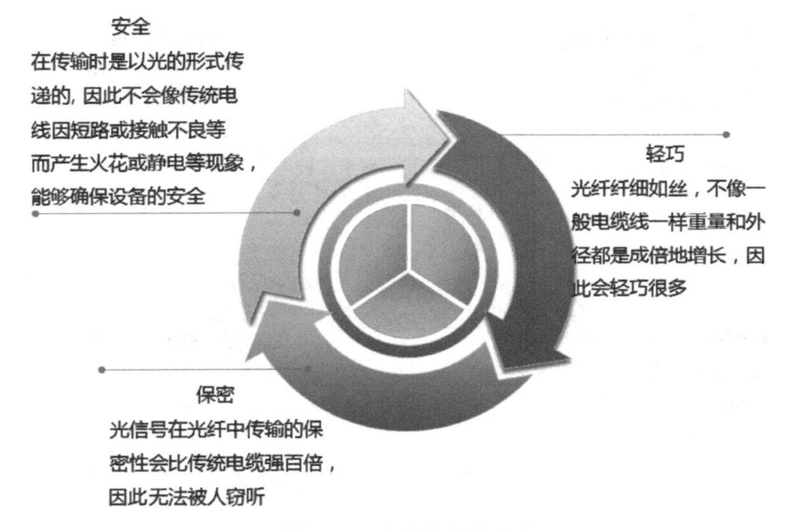

▲ 图 11-8　光纤传输的特点

第 12 章

系统设计，智能家居功能应用

智能家居系统包括很多方面，例如智能灯光控制系统、智能电器控制系统、安防系统、家庭影院系统、环境监测系统、能源管控系统等。本章笔者将为大家简单介绍设计这些智能家居系统的一些要点。

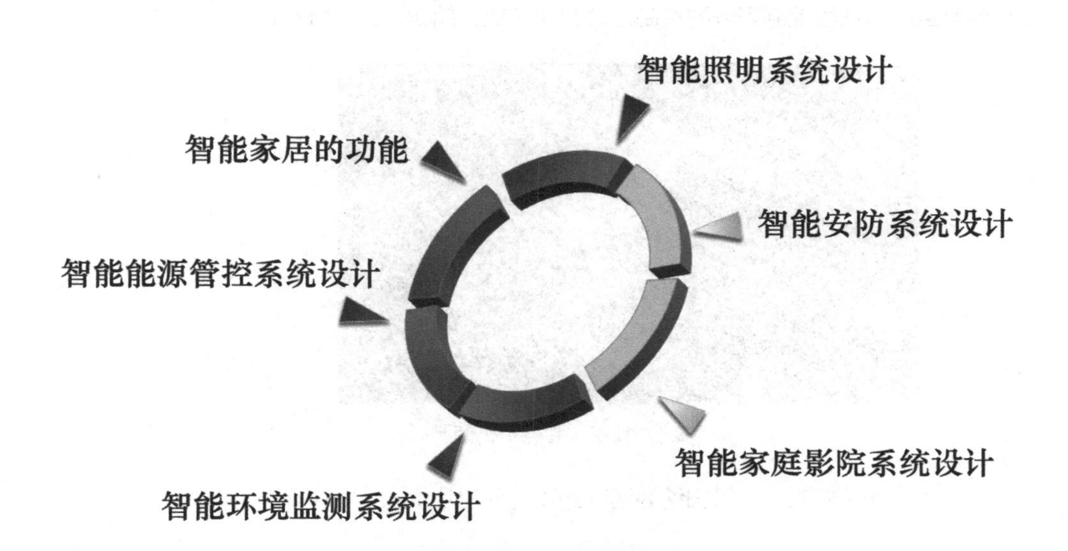

12.1 智能家居的功能

现代智能家居由于其安全、方便、高效、快捷、智能化等特点，已经渐渐成为社会和家庭青睐的对象。而随着现代社会信息化的变革以及计算机、通信技术的高速发展，人们的生活方式和工作习惯也在不知不觉中发生了变化。智能家居系统的主要功能如图 12-1 所示。本节笔者将为大家介绍智能家居的这些主要功能。

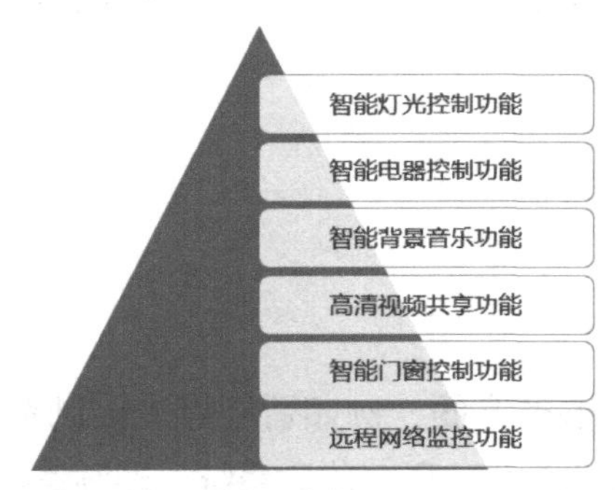

▲ 图 12-1 智能家居系统的主要功能

12.1.1 智能灯光控制功能

智能灯光控制是指利用智能灯光面板，实现对全宅灯光的智能管理。用户可以通过遥控等多种智能控制方式实现对全宅灯光的遥控开关、亮度调节、全开全关以及组合控制等，实现“会客、影院”等多种灯光场景效果，从而达到智能照明舒适、方便、节能的目的。除此之外，还可用智能手机控制、定时控制、电话远程控制、电脑本地控制及互联网远程控制等多种控制方式实现功能，如图 12-2 所示。

▲ 图 12-2 智能手机控制灯光

智能灯光控制的优点可归纳为图 12-3 所示的几点。

▲ 图 12-3　智能灯光控制的优点

1. 控制形式多样化

智能灯光控制的形式十分多样化，除了用墙上的触碰面板控制之外，还可以用智能手机、遥控器、平板电脑、手提电脑、电话等多种工具对灯光进行控制；同时就控制的地点而言，可以有室内控制、室外控制、室内室外区域控制以及远程控制等。

2. 弱电控制安全化

智能灯光控制是采用弱电控制强电的方式进行的，而且控制回路与负载回路是分离的。因此控制面板就好像一个无线电接收控制器一样，相对而言会比较安全。

3. 需求拓展灵活化

智能灯光控制的功能可以根据环境以及用户的需求进行改变，只要修改软件设置就能实现灯光布局的改变和功能的扩充，得到用户想要的情景组合。如下班回家，只要按下“回家情景”模式按钮，就能获得这个模式下的一系列情景反应，比如灯光自动慢慢变亮、空调开启并自动调节到合适的温度、电视机自动开启播放用户想看的节目、电饭煲开始热饭等。除此之外，还有就餐情景、影院情景、音乐情景等供用户自行设置的模式，每一种情景都是灯光和相应的家电设备相配合后产生的效果。

4. 情景控制简单化

智能灯光控制的情景模式简单化是指：所有的照明系统都能实现自动控制，包括开关、亮度大小、定时开关等。比如住宅里一般都会配备吊灯、壁灯、射灯、筒灯等，可以通过不同的方案设置成休闲、娱乐、电视、会客等各种情景模式。比如，会客情景时，可设置吊灯亮 70%，壁灯亮 60%，筒灯亮 60%；影院模式时，可设置吊灯亮 10%，壁灯亮 20%，筒灯亮 20% 等。在市面上，这种情景模式的控制方式深受广大用户的喜爱。因为采用了调光控制方式，灯光就会有一个渐亮的过程，用户可以随心所欲地变换各种情景，只要一个简单的操作动作，就能给房间营造出各种想要的灯光环境。

12.1.2 智能电器控制功能

与智能灯光控制一样，智能电器控制采用的也是弱电控制强电的方式，这样既安全又智能。两者之间不同的是受控对象不同，智能电器控制顾名思义是对家用电器的控制，如电视机、空调、热水器、电饭煲、投影仪、饮水机等。

智能电器控制一般分为两类，如图 12-4 所示。

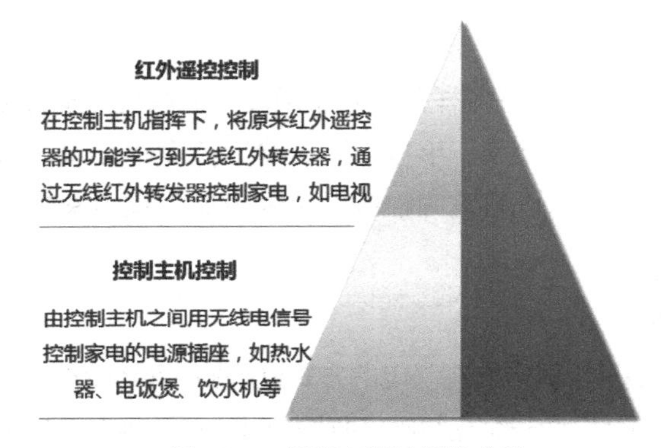

▲ 图 12-4　智能电器控制的分类

智能电器控制与智能家电、信息家电、网络家电的区别如图 12-5 所示。

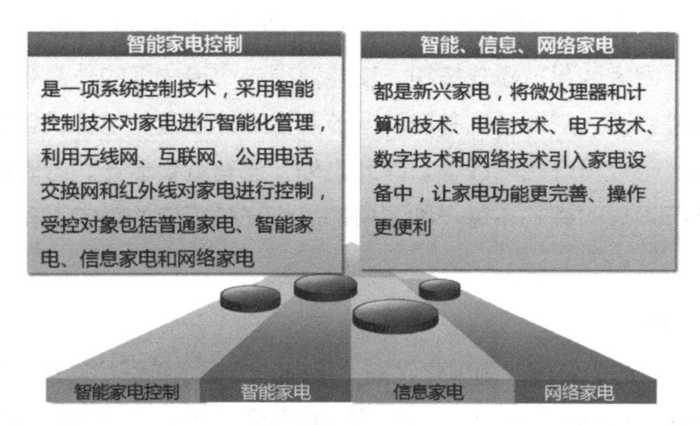

▲ 图 12-5　智能电器控制与智能家电、信息家电、网络家电的区别

12.1.3 智能背景音乐功能

家庭背景音乐是在公共背景音乐的基础上，再结合家庭生活的特点发展而来的新

型背景音乐系统。简单来说，就是在家庭的房子里，包括花园、客厅、卧室、酒吧、厨房或卫生间等都可以布上背景音乐线，通过 MP3、FM、DVD、电脑等多种音源进行系统组合，让每个房间都能听到美妙的背景音乐，如图 12-6 所示。

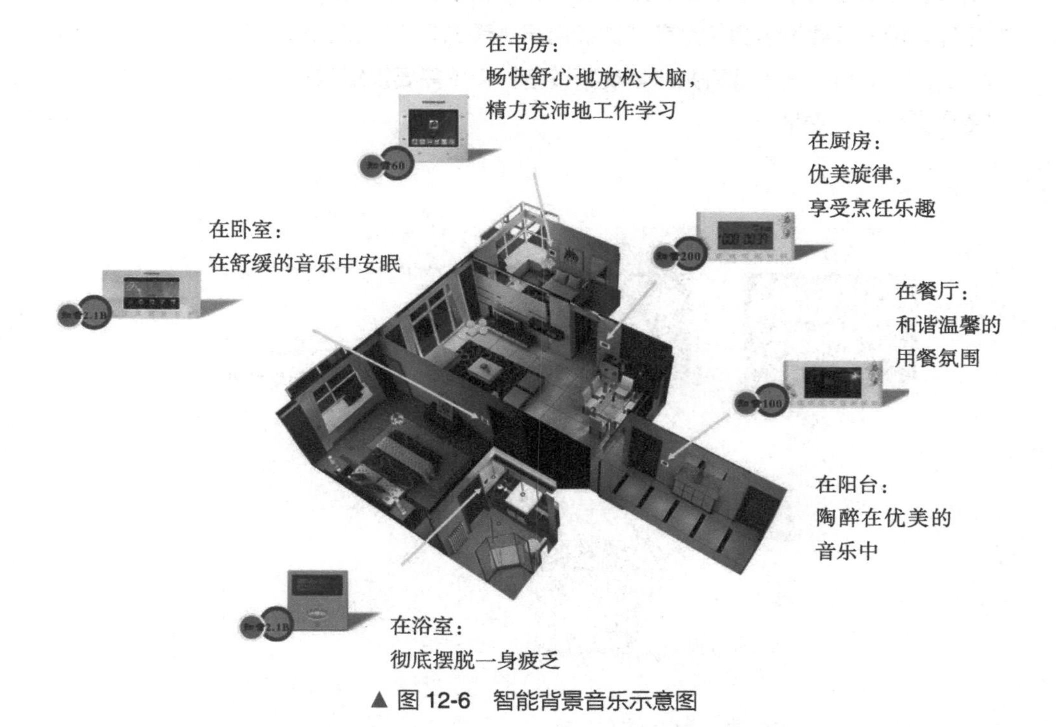

▲ 图 12-6　智能背景音乐示意图

智能背景音乐系统是在每个房间安装了单独的音量旋钮，因此对每间房都能够进行独立控制，以便人们可以根据家人的生活作息情况进行调节。

智能音乐系统既可以美化空间，又能起到很好的装饰作用。其系统具备的功能如图 12-7 所示。

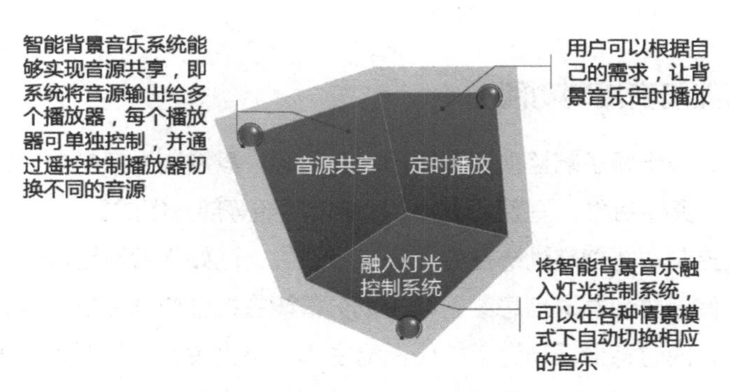

▲ 图 12-7　智能音乐系统具备的功能

12.1.4 高清视频共享功能

视频共享系统是将数字电视机顶盒、DVD 机、录像机、卫星接收机等视频设备集中安装，然后通过系统功能让客厅、餐厅、卧室等多个房间的电视机能够共享家庭的影音库，用户只要通过遥控器就能选择自己想看的影视节目，如图 12-8 所示。采用这样的方式既可以让电视机共享音视频设备，又不需要重复购买设备和布线，既节省了资金又节约了空间。

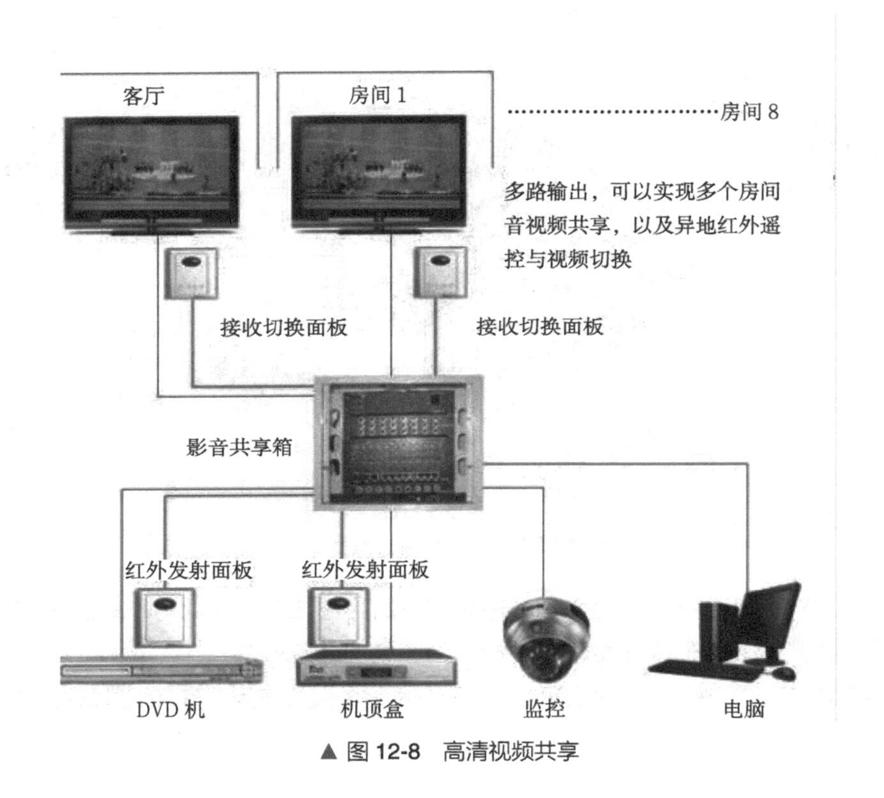

▲ 图 12-8　高清视频共享

12.1.5 智能门窗控制功能

智能门窗是指安装了防盗报警系统技术的门窗，其控制系统主要由无线遥控器、智能主控器、门窗控制器、门窗驱动器、门磁传感器等部分组成。

智能门窗控制功能能够预防各种家庭灾患发生，比如当检测到煤气、有害气体等危险信号时，传感器会发送信息给智能主机，智能主机会自动发出指令，将窗户、排气扇自动开启，同时将情况通过手机传递给主人；当火灾发生的时候，传感器检测到烟雾信号后，就会将信号发送给智能主机，智能主机会发出指令，将门窗打开，同时发出警示将情况通过手机传递给主人和消防单位；若是遇到大雨天气，当风力达到一定的级别时，或者雨水打在窗外的红外线门帘传感器上时，主机就会控制窗户自行关闭，防止家里被雨水淋湿；当传感器检测到人体信息时，窗户会自动关闭，将小孩关在室内，有效地保护小孩的安全。

12.1.6 远程网络监控功能

远程网络监控分为两部分：通过网络进行远程监视和通过网络进行远程控制。远程监视是指对室内室外进行监视；远程控制是指通过网络对智能家居内的设备进行控制，即智能灯光控制、智能电器控制、智能门窗控制等。网络可以是物联网、互联网、公用电话交换网或宽带无线网。

12.2 智能照明系统设计

随着互联网技术、通信技术、自动控制技术、总线技术的发展，照明系统设计也进入了智能化的时代。设计智能照明系统的主要目的有 2 个：一是提高照明系统的控制水平，减少照明系统的成本；二是节约能源。本节笔者将为大家介绍智能照明系统的设计要求和要点。

12.2.1 智能照明设计的要求

家庭智能照明系统设计的要求如下。

（1）控制：家庭智能照明系统设计要实现在任何一个地方均可控制不同地方的灯，或在不同地方可以控制同一盏灯，这就是集中控制和多点控制。

（2）开关缓冲：开关缓冲是指房间里的灯亮或者灯灭都有一个缓冲的过程，这样既能保护眼睛，也能避免高温的突变对灯丝造成破坏。

（3）明暗调节：灯光明暗能调节，给人创造舒适、宁静、和谐的氛围。

（4）定时功能：能实现定时开关。

（5）一键控制功能：整个照明系统的灯可以实现一键全开和一键全关的功能。

（6）情景设置功能：通过设置，能够实现多路灯光情景的设置与转换，实现灯光和电器的组合情景。

（7）本地开关：用户能按照平时习惯直接控制本地的灯光。

（8）红外、无线遥控：红外遥控和无线遥控器能实现住宅里任何房间所有灯光的控制。

（9）电话远程控制：通过电话和手机，可实现对灯光或情景的远程控制。

12.2.2 不同房间照明灯光的设计要点

家庭照明系统分为客厅、卧室、餐厅、厨房、书房和卫生间等。在智能照明系统设计过程中，应该根据不同的房间进行灯光设计，达到理想效果。

1. 客厅

客厅是家人休闲娱乐和会客的重要场所，因此客厅的照明应以明亮、实用和美观为主，如图 12-9 所示。

明亮、实用又美观的基调设计，以吊灯和吸顶灯为主，壁灯、台灯、落地灯为辅

▲ 图 12-9　客厅照明设计

在光源设计上，客厅的照明应有主光源和副光源，主光源包括吊灯和吸顶灯，吊灯应以奢华大气为主，亮度大小可以调节。副光源包括壁灯、台灯、落地灯等灯具发出来的光，注意起到辅助照明或装饰的作用。落地灯的灯罩是关键，颜色应与沙发等客厅主色调保持一致；台灯对亮度的要求较高，光源位置应高一点。

2. 卧室

卧室是休息睡觉的场所，因此需要满足柔和、轻松的要求，还要满足用户睡前阅读的需求。光线避免眩光和杂散光，以柔和为主，装饰灯主要用来烘托气氛。卧室照明设计如图 12-10 所示。

光线柔和、轻松、宁静，避免眩光和散光，床头安放调节台灯供阅读使用

▲ 图 12-10　卧室照明设计

3. 餐厅

餐厅灯光色调以柔和、宁静为主，让人吃饭交谈时感到轻松自如；足够的亮度能让人看清食物，餐桌、椅子与灯光色彩相匹配，形成视觉上的美感。在灯具的选择上，以温馨、浪漫为基调，选择吊灯、壁灯为主，如图 12-11 所示。

光线柔和、宁静，给人以轻松的氛围。灯具以吊灯、壁灯为主，搭配适宜，也是一道风景

▲ 图 12-11　餐厅照明设计

4. 厨房

厨房需要无阴影的照明，既要实用又要美观、明亮、清新，给人以整洁之感。厨房灯光一般分两个层次：一个是整体照明，另一个是对洗涤、餐具、操作区域给予重点照明，如图 12-12 所示。

光线明亮、清新，给人以整洁之感，对于洗涤、餐具、操作区域给予重点照明

▲ 图 12-12　厨房照明设计

5. 书房

书房的灯光照射要从保护视力的角度出发，使灯具的主要照射与非主要照射面的照度比为 10:1 左右。电脑区域需要良好的照明环境，台灯需要具有高照度、光源深藏、视觉舒适、移动灵活等特点，如图 12-13 所示。

▲ 图 12-13　书房照明设计

6. 卫生间

白天卫生间以整洁、清新、明亮的基调为主，晚上要以轻松、安静的基调为主。光线要柔和，照度要求不高，但要照射分布均匀。墙面光比较适合浴室空间照明，因为这样能够减少光源带来的阴影效应，灯具需要具备防水、防尘的特点，如图 12-14 所示。

▲ 图 12-14　卫生间照明设计

12.3　智能安防系统设计

安防系统是实施安全防范控制的重要技术手段，主要是通过智能主机与各种探测设备配合，实现对各个防区报警信号及时收集与处理，通过本地声光报警、电话或短信等报警形式，向用户发布警示信号，以便用户可以通过网络摄像头的现场情况来确认事情紧急与否。

智能安防系统需要具备远程实时监控功能、远程报警和远程撤销设置功能、网络存储图像功能、手机互动监视功能以及夜视控制功能等。本节笔者将为大家介绍智能安防系统设计的内容。

12.3.1 智能安防系统组成

智能安防系统在智能家居中应用已经十分广泛，因此有了家庭安防系统。家庭安防系统主要是通过各种报警探测器、网络摄像机、控制主机、读卡器门禁控制器及其他安防设备为住宅提供入侵报警服务的综合系统。其组成如图 12-15 所示。

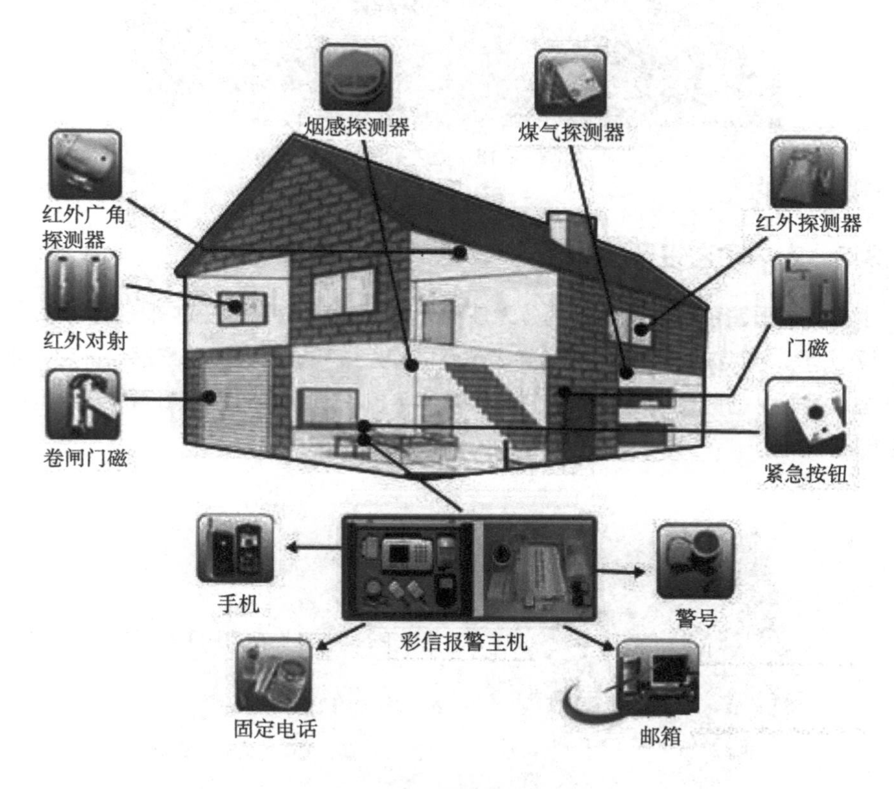

▲ 图 12-15　智能安防系统组成

12.3.2 室内视频监控设计

室内视频监控是指在家庭重要的区域内安装网络摄像机，进行 24 小时全天候的监控。视频资料能够进行本地存储，也可以供用户通过网络实时查看。

室内视频监控系统一般包括视频采集、视频传输、视频信号存储与显示部分。视频采集可根据需要在家庭内安装若干台网络摄像头，分别监控主要出入口位置，如在客厅的某个角落安装一台家用网络摄像头，就能监视客厅的大部分区域；如在门口安装一台摄像头，就能监视到入侵室内的人员，如图 12-16 所示。

▲ 图 12-16　室内视频监控

12.3.3　室内防盗设计

家庭防盗报警系统按区域不同分为住宅周边防盗系统和住宅室内防盗系统，如图 12-17 所示。当用户出门后，住宅周边防盗报警系统和室内防盗系统都会开启，当有人非法入侵时，智能控制主机就会将警报通过手机、短信等形式通知用户及小区物业管理部门。

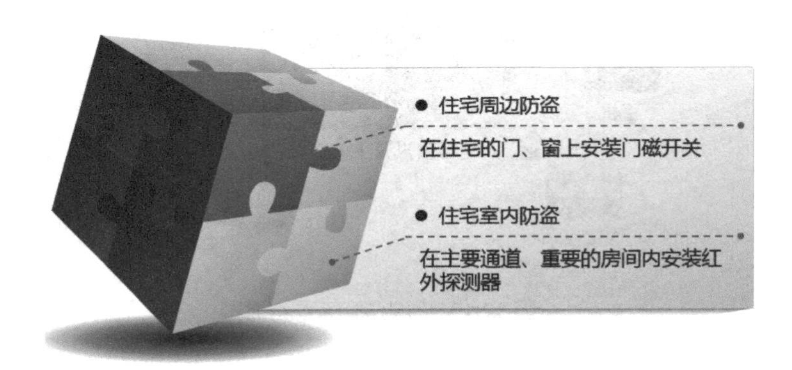

▲ 图 12-17　家庭防盗系统

在进行家庭室内防盗设计时，主要应注意以下两点：第一是根据房间情况确定需要防范的范围；第二是在弄清楚容易入侵的位置和区域后，根据用户的周边环境、小区的保安措施、家庭环境等决定设置防御的个数。

12.3.4　室内防火设计

室内防火设计有家用火灾探测器、家用火灾报警控制器和火灾声光报警器组成。

1. 家用火灾探测器的设置

家用火灾探测器的主要作用是监视环境中有没有火灾的发生。家用火灾探测器一般用可燃气体传感器和烟雾传感器。

在厨房设置可燃气体传感器时，应注意以下几点：如果使用天然气应选择甲烷探测器，将其设置在厨房顶部；如果使用液化气应选择丙烷探测器，将其设置在厨房下部；如果使用煤气应使用一氧化碳探测器，并将其设置在厨房下部或其他位置；可燃气体探测器不应设置在灶具上方；连接燃气灶具的软管及接头在橱柜内部时，探测器也应设置在橱柜内部。

2. 家用火灾报警控制器设置

家用火灾报警控制器应独立设置在明显且便于操作的位置。具可视对讲功能的家用火灾报警控制器应设置在进门附近，当采用壁挂方式安装时，底边离地面应相距 1.3 ~ 1.5 米。

3. 火灾声光报警器设置

火灾声光报警器应具备语音功能，且能接收联动控制或由手动火灾报警按钮信号直接控制发出警报。

12.3.5 紧急求助设计

紧急求助是指主人在家遇到紧急突发状况时，能简单、便捷地进行求助的终端设备。在各房间安装一个紧急按钮，在突发紧急状况出现时就很容易报警，尤其是家中老人在急切需要帮助的情况下。无线紧急按钮如图 12-18 所示。

▲ 图 12-18　无线紧急按钮

12.4 智能家庭影院系统设计

家庭影院所独具的中国移动多媒体广播（China Mobile Multimedia Broadcasting，CMMB）功能、接机顶盒直接看电视的功能、加工内置存储以及可以下载网络最新电影和听歌等功能，使之深受人们喜爱。一个好的家庭影院除了与音效有关外，还与其声学装修设计处理有直接关系；只有两者相辅相成，才能设计好一套家庭影院。

12.4.1 智能家庭影院系统组成

家庭影院系统包括：5.1 声道或 7.1 声道音箱、AV 功放、蓝光播放机或 DVD、投影机、投影屏幕以及中控系统等，如图 12-19 所示。

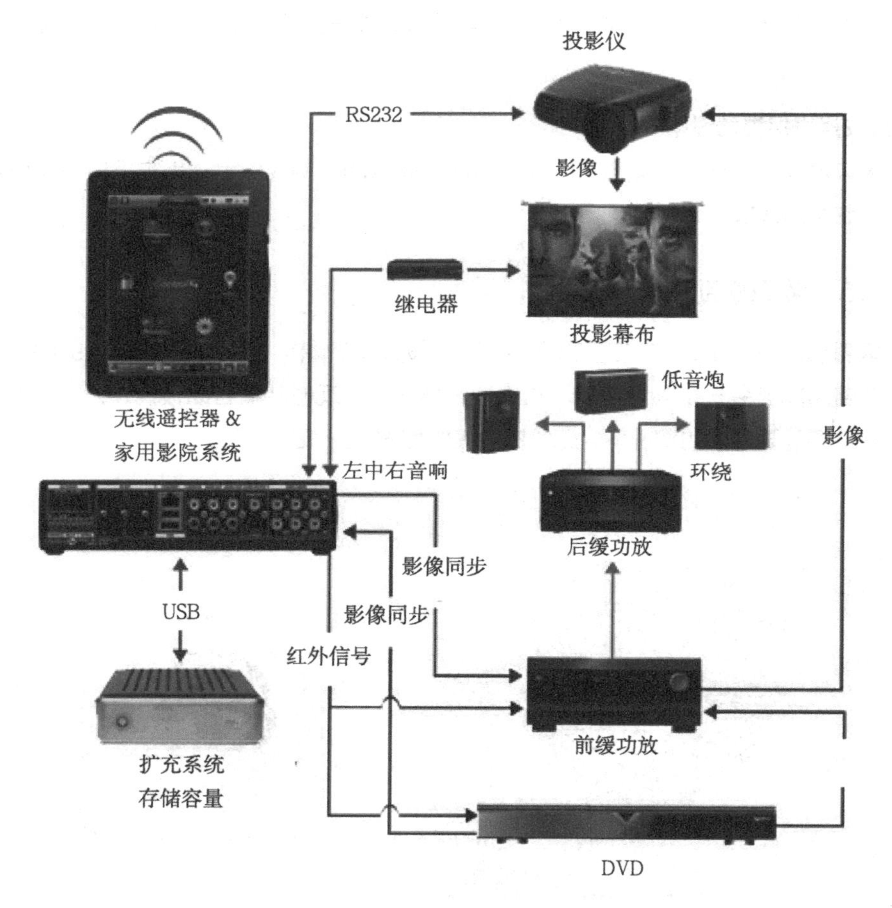

▲ 图 12-19 家庭影院系统组成

12.4.2 影院音频系统设计

家庭影院的关键在于对影音室进行声学处理，以及设计风格与用户整体装修设计吻合，还要进行隔声设计和隔振设计。隔声设计是隔离房间四周的噪声，使房间不受干扰，还要有适当的吸声，以免声波往复反射激发出某些固有频率的声音干扰；隔振是指减少固体传递的振动辐射，例如墙上空调、地面汽车的振动，都会引起门窗和墙体的振动。

对影音室的声学处理，重点在侧墙和天花板。室内声波的处理扩散应多于吸收，使共振减少，防止过度使用吸音材料以免房间的混响时间太短而使声音干涩不圆润。音箱后墙壁不要有大片吸声物质，砖墙或水泥墙面会使声音饱满。

对于音箱的摆放应遵守几点原则，如图 12-20 所示。

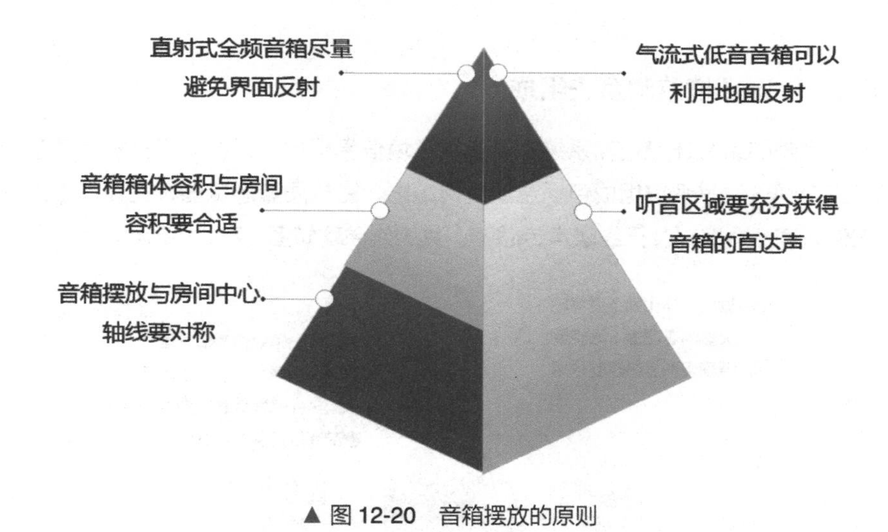

▲ 图 12-20　音箱摆放的原则

12.4.3 影院视频系统设计

在视频系统中，显示设备的图像显示宽高比为 16:9 比较适宜。画面显示设备目前有平板电视机和投影仪加投影幕两种，工薪阶层适宜选宽屏平板电视；平板电视机的大小应根据影音室的大小及观看距离来定，16:9 的高清电视最佳观看距离为 3 倍图像高度；视频显示设备的安装高度，如采用的是平板电视，则将平板电视画面的中心线高度锁定在观看者的坐姿视平线附近为宜，同时垂直视角控制为 10° ~ 15° ，尽量不要超过 20° 。

12.4.4 影院中控系统设计

家庭影院的中控系统，是采用触屏控制终端，用一键式的操控法，即可随心所欲地对整个影音室的影音设备及影院灯光进行无线遥控。家庭影院中控系统是智能家居设计中的一部分，涉及智能电器控制、智能灯光控制、情景模式控制等。

12.5 智能环境监测系统设计

智能家居目标是为用户提供一个舒适、安全、高效的生活环境，为了优化人们的生活质量，环境监测系统的重要性就凸显出来了。目前，智能家居环境监测系统主要包括室内温湿度探测、室内空气质量探测、室外气候探测以及室外噪声探测。

12.5.1 智能环境监测系统组成

一个完整的家庭环境监测系统主要包括环境信息采集、环境信息分析及控制和执行机构三个部分，其系统组成包括温湿度传感器、空气质量感测器、光线环境光探测器、室外风速探测器以及无线噪声传感器。其工作原理如图 12-21 所示。

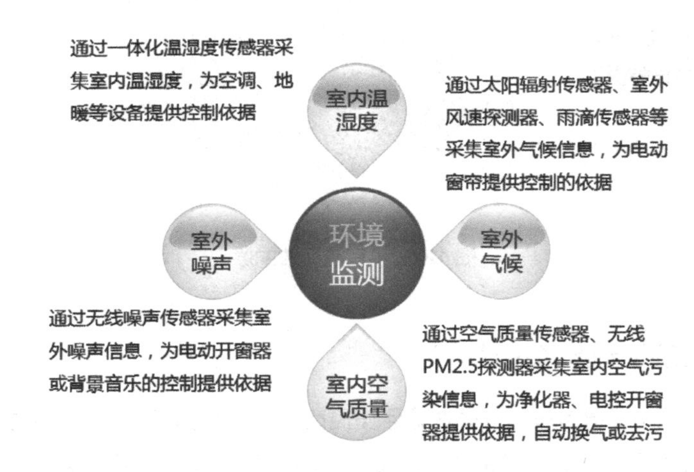

▲ 图 12-21 智能家居环境监测系统内容

12.5.2 智能环境监测产品介绍

智能环境监测产品包括空气质量传感器、空气质量控制器传感器、空气质量检测仪、窗帘控制电机、电动开窗器、太阳辐射传感器、室外风速探测器、雨滴传感器、无线噪声探测器、温湿度一体化传感器等。各产品特色作用如图 12-22 所示。

产品	特性
空气质量传感器	检测智能家居中室内的氨气、硫化物、甲醛等空气污染气体浓度以及PM2.5含量
空气质量控制器传感器	实时检测室内空气质量及温湿度的变化情况，并智能控制新风系统对室内空气质量及环境温湿度进行调节
空气质量检测仪	检测PM2.5、甲醛、一氧化碳、温湿度的多功能空气质量检测仪，还能与家电联动实现家居环境自动优化
窗帘控制电机	控制窗帘打开或关闭
电动开窗器	在传感器或主机控制下，实现遥控、烟控、温控、风控、雨控等自动打开和关闭窗户
太阳辐射传感器	测量直接太阳辐射
室外风速探测器	用于室外环境的风速测量
雨滴传感器	检测是否下雨及雨量的大小
无线噪声探测器	24小时实时监测地区的噪声数据
温湿度一体化传感器	实时收集不同房间的温湿度值

▲ 图 12-22 智能环境监测产品的特性

12.5.3 室内环境监测系统的设计

如何搭建设计家庭环境监测系统？首先要根据外部居住环境的好坏，来设计室内的环境监测系统。如地处空气污染严重的地区，就应以室内空气质量监测为主；如地处气温偏低又常年潮湿的地区，就应以室内温湿度监控为主；如地处繁华的闹市，就要以噪声监测为主；如地处气候多变的地区，就应以室外气候监测为主。总而言之，搭建室内环境监测系统要以实用性、适用性和稳定性为主。

下面以三室二厅的住宅为例，介绍如何搭建室内环境监测系统。假设目前室内空气以甲醛、苯及苯系物等挥发性的有毒气体为主，根据《住宅设计规范》中的规定，室内安装空气质量传感器的数量应按照房间的面积大小来定，即当面积 < 50 平方米时，可安装 1 台空气质量传感器；当面积是 50 ~ 100 平方米时，可安装 2 台；当面积 > 100 平方米时，应安装 3 ~ 5 台。空气质量传感器的安装位置要距内墙面不小于 0.5 米，距地面高 0.8 ~ 1.5 米，避开通风道和通风口。

空气传感器 24 小时监测室内空气质量，然后通过无线网络传输给控制主机，控制主机再根据空气污染来源及程度发出相应指令。

12.6 智能能源管控系统设计

能源管控系统是智能家居众多系统之一，如何节约用电、有效地控制能耗已成为目前智能家居研究的课题之一。如在家庭用电高峰期时，通过监测耗能，可以有选择性地优先使用功率较小的家电；还可以通过远程控制计算机、智能手机、平板电脑等进行实时监控。

12.6.1 智能能源管控系统组成

家庭智能能源管控系统一般由智能电表、无线智能插座、无线路由器、智能控制主机等设备组成。常用家庭大功率电器，如热水器、冰箱、空调、电磁炉等，只要插在无线智能插座上，就能记录下这些电器实时能耗，数据信息由路由器发送给控制主机，控制主机再把数据帧转发给智能电表和本地服务器。智能电表通过分析后将数据信息显示在液晶屏幕上，本地服务器将数据储存在后台数据库，用户可以通过远程计算机、手机、平板电脑等查看，如图 12-23 所示。

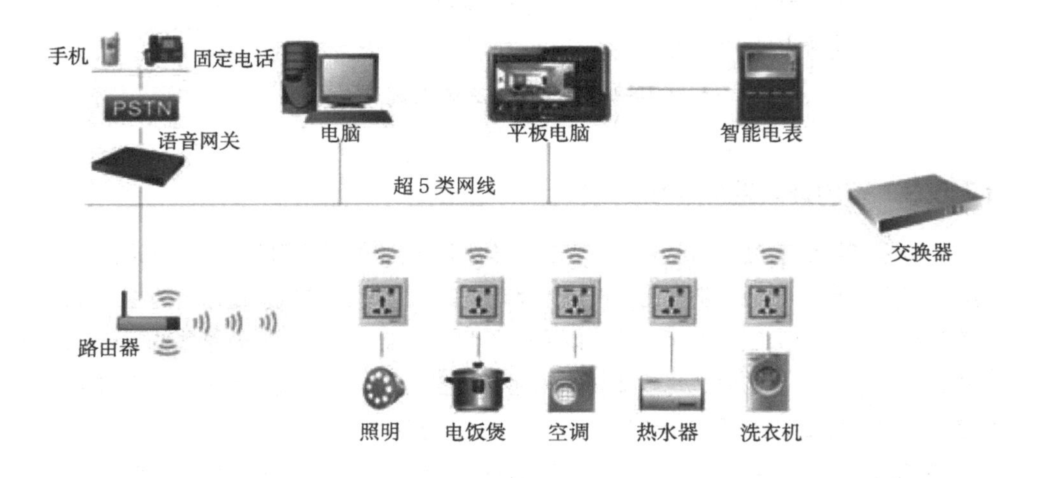

▲ 图 12-23 家庭能源管控系统

12.6.2 智能能源管控产品介绍

智能能源管控主要产品包括无线智能插座、智能电表、无线路由器等，其产品功效如图 12-24 所示。

产品	特性
无线智能插座	又称无线计量插座或电能监控插座，是可远程遥控、管理电流、电压、功率、用电量的检测插座
智能电表	对多时段多费率模式电能分别统计，具备双向计量功能；支持双向通信，在发送数据信息时也能接受指令信息；能根据需求响应要求实现负荷的智能限制；支持远程拉合闸；具备收抄智能燃气表、水表等多用途增值服务
无线路由器	实现家庭无线网络中的 互联网 连接共享，实现ADSL、Cable Modem和小区宽带的无线共享接入

▲ 图 12-24　能源管控产品介绍

12.6.3　室内能源管控系统的设计

室内能源管控系统一般需要智能控制主机、智能插座、智能电表、智能水表、智能气表、智能热表及智能家电等设备。以三室一厅住宅为例，介绍如何搭建一个包括客厅、厨房、老人房、卧室及书房的家居环境。假设选择厨房的电磁炉、卧室内的空调以及洗手间的电热水器作为设备能耗检测，就应该在室内的各房间中安装上智能插座，然后将无线路由器、控制主机安装在客厅，将智能电表等设备直接按照在门口处，最后就可以在室外通过手机或平板电脑对能耗监测系统进行管控了。

第 13 章

智能安防，家居第一防线

智能安防的发展已取得了瞩目的成就，随着住宅小区需求的凸显，智能安防当前面临新的发展契机。为了解决住宅小区的安全防范问题，建设部、公安部两部先后签署下达了多种相关文件，以强化住宅小区的智能安全防范设施。本章笔者将为大家介绍智能安防相关的内容。

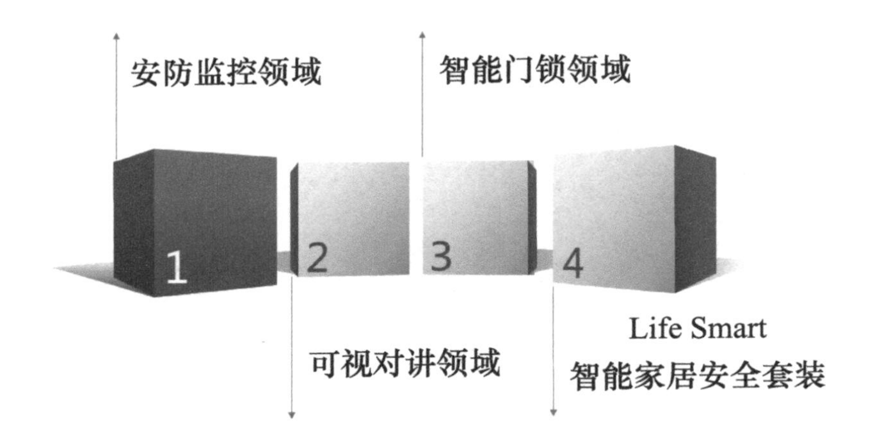

13.1 安防监控领域

安防监控系统常规应用于家居内的主要场所和重要监视部位，安防监控报警系统的前端是各种摄像机、报警器和相关附属设备，终端是显示、记录和控制设备，常规是采用独立的视频监控中心控制台。独立运行的视频监控报警系统，对画面显示能任意编程、自动或手动切换，画面上必须显示摄像机的编号、地址、时间、日期等信息，并能自动将现场画面切换到指定的监视器上显示，对重要的监控画面应能长时间录像。

13.1.1 智能摄像头

近年来，智能安防产品早已经成为智能家居的入口之一，最火热的便是智能摄像头。通过这种智能设备的应用，可以让用户随时知道并查看家里的异常情况，极大地丰富了视觉交互。如爱可视推出的智能摄像头，摄像头部分支持多角度摆放，如图 13-1 所示；三星 SmartCam HD Pro，其视频质量可媲美 Dropcam Pro，是目前市场上实时视频效果最出色的机型之一，如图 13-2 所示；Foscam IP Camera FI9826 可支持 3 倍光学变焦功能，同时还可以远程控制镜头角度，实现更加全面的监测，如图 13-3 所示。

▲ 图 13-1　爱可视智能摄像头

▲ 图 13-2　三星 SmartCam HD Pro

▲ 图 13-3　Foscam IP Camera FI9826 摄像头

360家庭卫士，如图13-4所示；联想看家宝，如图13-5所示。

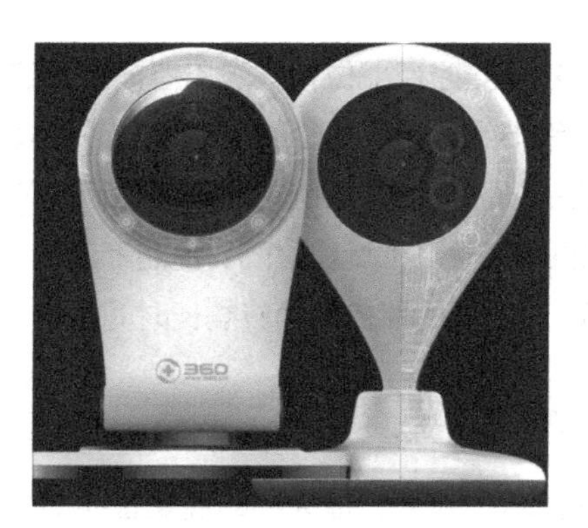

▲ 图 13-4　360 家庭卫士

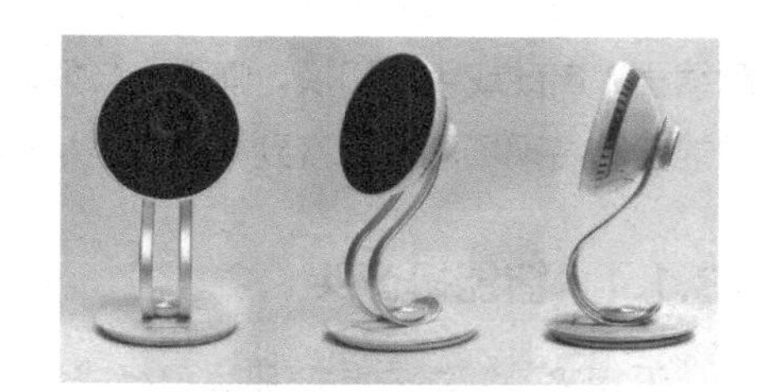

▲ 图 13-5　联想看家宝

智能摄像头的火热，让互联网厂商和传统厂商看到赢利的入口，纷纷进入智能硬件领域。摄像头就像人的眼睛，它们通过连接云服务和互联网，存储海量数据，具备比人体感官更加强大的能力。未来，摄像头将在智能家居中扮演重要角色。

13.1.2　智能摄像头蹿红的原因

现在智能家居中，监控摄像头已经成了一个趋势。在大多数安防系统中，相对于较大点的红外摄像机来说，人们更喜欢小型监控摄像头，不仅小巧美观，而且价格更便宜。如果说高清化是监控摄像头发展的第一大趋势，那么小型化将会是监控摄像头未来发展的第二大趋势。

智能摄像头能快速蹿红，除了其本身具备的高清化、小巧的特点以外，还具备图13-6所示的优势。

▲ 图 13-6　智能摄像头的优势

13.2 可视对讲领域

可视对讲是现代小康住宅的一套服务措施，主要是提供访客与住户之间的双向可视通话，达到图像、语音双重识别从而提高住宅的安全可靠性，是住宅小区防止非法入侵的第一道防线，如图 13-7 所示。

▲ 图 13-7 可视对讲机

13.2.1 从语音对讲到可视对讲

可视对讲自 20 世纪 90 年代从发达国家引进，就在国内得到了高速的发展，主要应用在商品住宅楼。随着智能城市规划和智能家居的进一步发展，可视对讲目前已经普遍进入城市小区的高层住宅。可视对讲最开始只是语音形式，当门口有人按铃时，住户会听到铃声，就像接听电话一样，接受来访者通过楼下门口主机的呼叫，进行对话。

后来，才慢慢发展成可视对讲。彼时，住户可以通过门外的主机摄像头接收门外的视频影像，观察分机显示屏幕上的监控图像以确认来访者的身份，最后决定是否按下室内分机的开锁按钮，打开连接门口主机的电控门锁，允许来访客人开门进入。

13.2.2 从黑白可视对讲到彩色可视对讲

语音对讲发展为可视对讲后，一开始只是黑白可视对讲，即通过门外主机摄像头传递过来的视频影像是黑白的。就如同黑白电视机发展成彩色电视机一样，可视对讲也是从黑白可视对讲慢慢发展成彩色可视对讲，如图 13-8 所示。

▲ 图 13-8　彩色可视对讲

13.2.3　从彩色可视对讲到智能终端

彩色可视对讲发展到一定阶段，随着人们对家居智能化的需求，便慢慢发展成智能家居的智能终端。其功能越来越强大，一旦住宅内所安装的门磁开关、红外报警探测器、烟雾探测器、瓦斯报警器等设备连接到可视对讲系统的保全型室内机上以后，可视对讲系统就能够升级为一个安全技术防范网络。它可以与住宅小区物业管理中心或小区警卫进行有线或无线通信，从而起到防盗、防灾、防煤气泄漏等安全保护作用，为房主的生命财产安全提供最大程度的保障。

智能终端除了具备安防、监控、报警等功能以外，还具备留影留言、信息接收与发布、家电智能控制、远程控制等多重功能。

13.3　智能锁领域

锁的出现满足了人们对安全方面的需求，其发展历经了挂锁、电子锁、指纹锁的阶段，如今已到了智能锁的阶段。智能锁是指区别于传统机械锁，在用户识别、安全性、管理性方面更加智能化的锁具。智能锁涵盖如图 13-9 所示的产品。

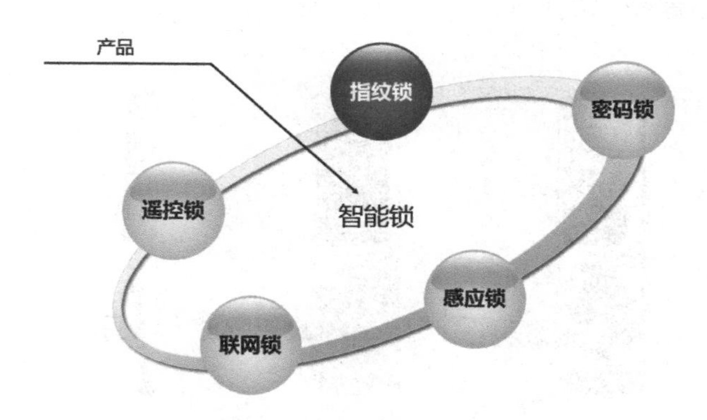

▲ 图 13-9 智能锁涵盖的产品

13.3.1 智能锁的优势

智能锁的优势有以下几点。

1. 操作简单易懂

智能锁具有自动电子感应锁定系统，当自动感应到门处于关闭状态时，系统将自动上锁，用户可以通过指纹、触摸屏、卡等开启门锁。一般的指纹锁在使用密码或指纹登记不方便时，还可以开启它独特的语音提示功能，让使用者操作更简便易懂。

2. 保护隐私安全

一般的指纹密码锁具有密码泄露的危险。但智能锁具有虚位密码功能技术，即在登记的密码前面或后面，可以输入任意数字作为虚位密码，可有效防止登记密码泄露，同时又可开启门锁。对于门锁，其把手开启方式很容易从门外打钻小孔，再用钢丝转动把手将门打开，不能确保足够的安全性能。但智能锁具有专利技术保障，在室内的把手设置中增加了安全把手按钮，需要按住安全把手按钮转动把手门才能开启，从而带来更安全的使用环境。

3. 减少指纹残留

最近的智能锁不同于以往的“先开启再扫描”的方式，扫描方式非常简单，将手指放在扫描处的上方由上至下地扫描就可以，无须将手指按在扫描处；扫描方式更减少指纹残留，大大降低指纹被复制的可能性，安全独享。

4. 外观简单大方

智能锁不仅从外观的设计适合人们的口味，甚至创造出了像苹果一样的智能感觉的智能锁具，如图 13-10 所示。

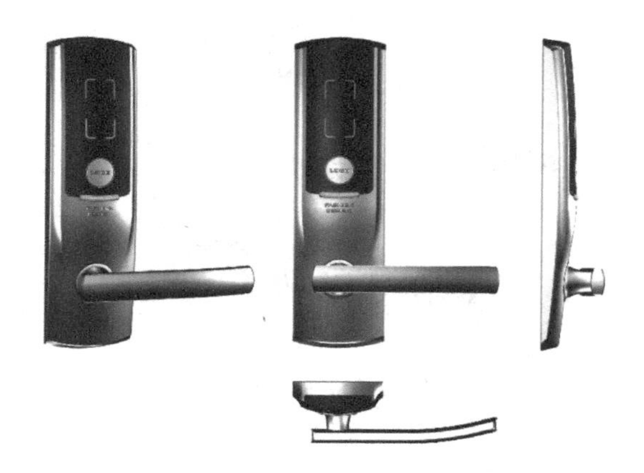

▲ 图 13-10　美观的智能锁

5. 互通互动特点

智能锁内置嵌入式处理器和智慧监控设备，具备与房客之间任何时间的互通互动能力，可以主动汇报当天视频访客情况；同时，户主能够远程控制智能锁为来访的客人开门。

13.3.2　智能锁面对的挑战

虽然智能家居发展趋势势不可当，智能锁也欲顺应潮流，但是到目前为止其发展依然缓慢，同时还面临着几大挑战，如图 13-11 所示。

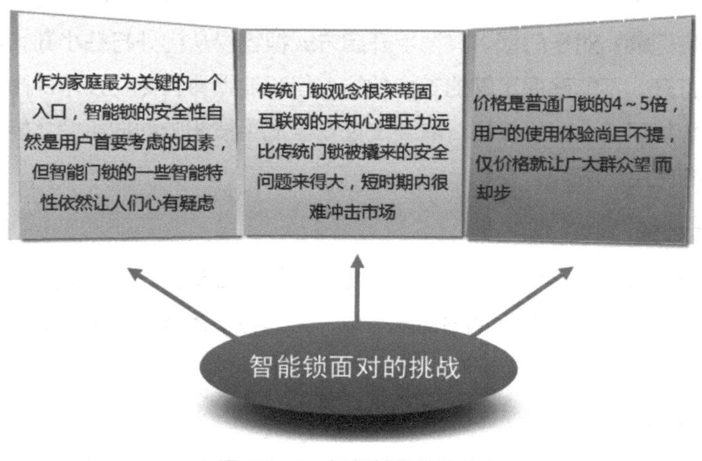

▲ 图 13-11　智能锁面对的挑战

13.3.3 智能锁的智能化开锁方式

前面提到，智能锁有指纹锁、密码锁、感应锁、遥控锁等几种形式，这也是市面上最常见的几种智能锁。这些锁的开锁方式如下所示。

（1）通过指纹开锁：指纹锁的核心技术是生物识别技术，是通过识别手指末端正面皮肤上凸凹不平的纹路来进行开锁。目前医学上已经证明人们的指纹纹路特征对于每个手指都是不同的，因此指纹锁就是利用这一特殊的生物特征来验证用户的真实身份。

（2）通过电子密码开锁：电子密码锁是一种通过密码输入来控制机械开关闭合，完成开锁、闭锁任务的电子产品。目前市面上应用较广的电子密码锁是以芯片为核心，通过编程来实现的。

（3）通过电子感应开锁：电子感应锁感应器里面有个线圈，相当于变压器的初级线圈，卡里也有一个线圈，相当于变压器的次级线圈。当 2 个线圈靠近时，会产生电流给卡供电，同时会将信号传递，如果符合条件门就会自动打开。

（4）通过遥控开锁：遥控锁是利用无线技术和物联网技术，通过网络、蓝牙等无线信号实现门锁与手机或遥控的连接。

13.4 Life Smart 智能家居安全套装

Life Smart 智能家居安全组合套装，是一套能够通过无线智能摄像头实现 24 小时随时随地用手机查看监控、实时报警、门禁感应的装置。下面笔者将和大家一起分享这套智能家居安防套装。

13.4.1 家庭智能防盗神器组成

Life Smart 智能家居安全套装的组成包括智慧中心、高清无线摄像头、动感感应器和门禁感应器，如图 13-12 所示。

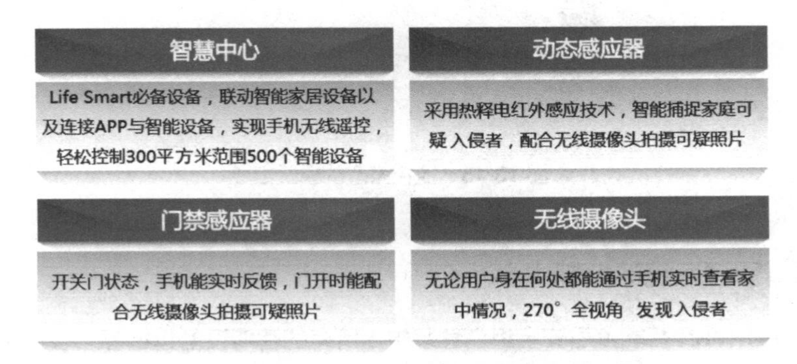

▲ 图 13-12 Life Smart 智能家居安全套装组成

13.4.2 智能防盗的作用及模式

Life Smart 智能家居安全套装的作用主要有以下几点。

（1）动态感应，安防报警：当家中出现异常情况时，动态感应器会分析家中人体移动情况，第一时间推送照片到用户的手机；用户可以通过无线摄像头实时查看家中影像，然后及时报警。其模式组成如图 13-13 所示。

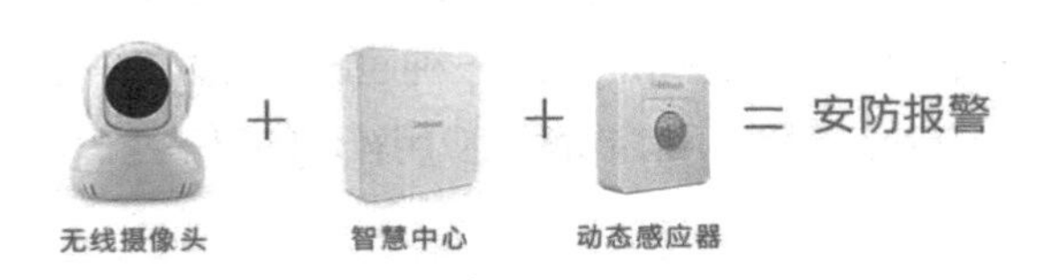

▲ 图 13-13　感应报警的模式组成

（2）智能门禁，外出无忧：门禁感应器能够通过手机等设备实时反馈门或窗开关的状态，如果家中门窗突然开启，门禁感应器就会配合无线摄像头拍摄快照发送到手机示警。其模式组成如图 13-14 所示。

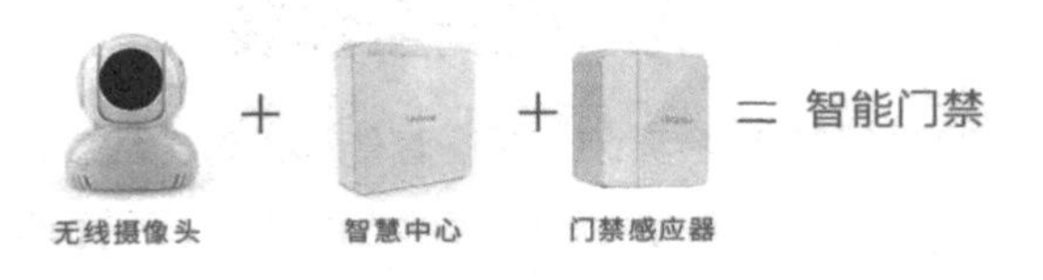

▲ 图 13-14　门禁的模式组成

（3）实时照看，关爱家人：无线摄像头能够水平 270°、垂直 90° 旋转，家中宝宝、父母、宠物的动态尽在掌握中。其模式组成如图 13-15 所示。

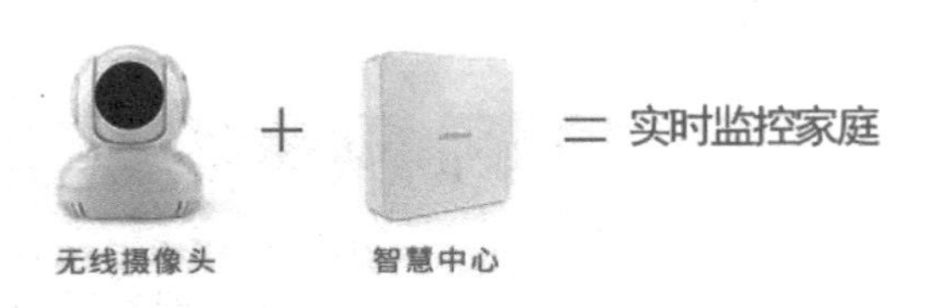

▲ 图 13-15　监控家庭的模式组成

13.4.3 智慧系统的控制中心

在 Life Smart 智能家居安全组合套装中，所有的智能设备运行都必须有智慧中心的配合才能使用，如图 13-16 所示。

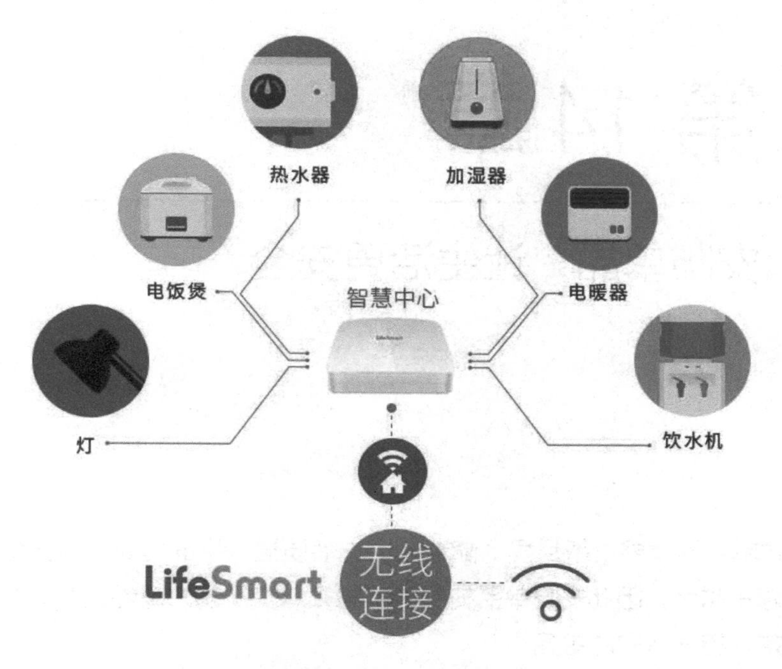

▲ 图 13-16　智慧系统的控制中心

第 14 章

安防单品，让生活更安全

安防单品的发展日新月异。随着人们生活质量水平的提高，对安全方面的需求也越来越大，因此安防单品在智能家居领域变得越来越受欢迎。本章笔者将为大家介绍一些安防单品。

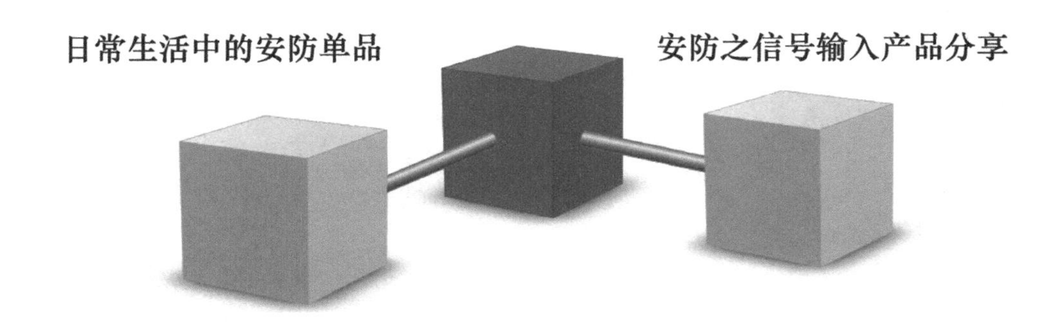

14.1 日常生活中的安防单品

在互联网、物联网、智能手机等行业的推动下，智能家居迅速崛起，成为近几年人们生活中的热点话题。虽然市场上的智能家居产品参差不齐，功能也不够完善，但是智能家居巨大的发展前景却不容忽视。

2014 年，是智能家居迸发的一年。因为不仅有众多的智能设备推出，而且苹果、谷歌等巨头企业也纷纷加入竞争中，良性的竞争会给行业带来更加规范、健康的发展。

而这一年，安防智能化也成为安防展会及各类论坛讨论最多的议题，人们对生活中的智能安防产品也越来越重视。本节笔者将为大家介绍一部分生活中的安防产品。

14.1.1 Nest 恒温器

Nest 恒温器是美国 Nest Lab 智能家居设备商推出的具有自我学习功能的智能温控装置。恒温器虽然在国内并不常见，但在欧美家庭早已普及。Nest Labs 公司推出的这款 Nest 恒温器，是一款智能恒温器。它可以通过记录用户的室内温度数据，智能识别用户的生活习惯，然后自动控制暖气、通风及空气调节设备，让室内温度恒定在用户喜好的温度。

Nest 自上市以来，口碑一直不错，被人们称为世界上最智能和最漂亮的恒温器，如图 14-1 所示。

▲ 图 14-1　Nest 恒温器

Nest 不仅漂亮，而且功能也非常强大。Nest 内置了多种类型的传感器，可以不间断地监测室内的温度、湿度、光线以及恒温器周围的环境变化，比如它可以通过感应器判断房间中是否有移动物，并以此为依据决定是否开启温度调节设备。Nest 的全名叫"Nest Learning Thermostat"，名字中的单词"Learning"代表了Nest恒温器具有学习的能力。比如用户每一次在某个时间设定了某个温度，它都会记录一次，然后经过一周的时间，就能学习和记住用户的日常作息习惯和温度喜好；并且它会利用算法自动生成一个设置方案，只要用户的生活习惯没有发生改变，就不再需要手动设置Nest恒温器。除此之外，Nest恒温器还支持联网功能，因此用户可以使用手机对其进行远程遥控。但目前暂时仅支持iOS和Android设备。

对Nest恒温器的使用也非常简单，只需将它安装在墙上即可；调节方式也非常方便，只需旋转其控制旋钮即可。未来，Nest恒温器将会有更多的创新，产品本身也会变得更加苗条轻便且智能，兼容性也会更好。

14.1.2 Dropcam 安全监控摄像头

Dropcam安全监控摄像头是一款多功能的无线网络视频监控摄像头，如图14-2所示。

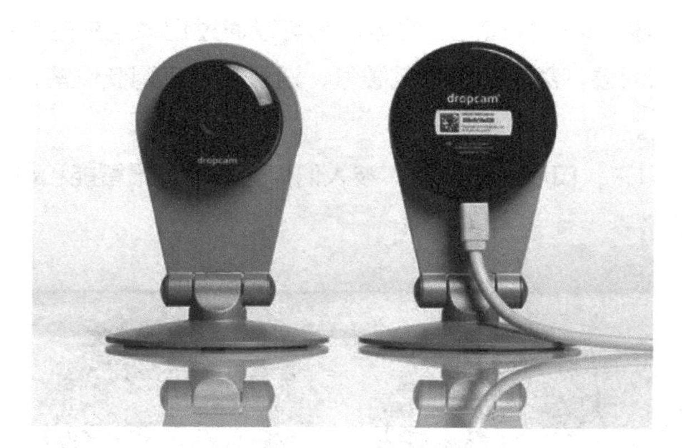

▲ 图 14-2 Dropcam 摄像头

与传统摄像头相比，Dropcam的优势主要如下。

（1）远程监控：Dropcam具备远程监控功能，当用户设定好摄像头后，出门在外可以通过手机、平板电脑及其他设备进行远程监控，查看家中的情形。

（2）云储存服务：传统摄像头会把视频存储在本地硬盘中，一旦丢失或被抹去就难以找回来；而Dropcam则是将视频存储在服务器上，因此即使丢了摄像头也能查看监控的视频。

（3）双向通话：Dropcam支持双向通话，只要通过两个Dropcam摄像头，在摄像头两端的两个人就可以直接进行语音对话，同时还能通过这项功能监听家中的一切异响。

（4）声音及动作捕捉：当 Dropcam 捕捉到环境中的声音和物体的运动时，会立即通知用户，以便他第一时间了解家里是否有入侵者。

14.1.3 Yale 门锁

耶鲁 (Yale) 与韩国数码电子锁领导者易保 (iRevo) 合作后，在锁具产品中融入了先进的电子数码科技，创新研发出了一款耶鲁电子数码门锁，如图 14-3 所示。

▲ 图 14-3 Yale 门锁

Yale 门锁的 Smart Card（智能卡）兼容所有 ISO14443 A Type 技术，同时把集成电路装在卡中，提升了信息的机密性和安全性。

Yale 门锁的指纹传感器采用扫描方式进行识别，而且不需扫描全部，只需识别一部分指纹，即用户只需将手指放在扫描处上方由上至下地扫描即可。因此扫描后不会将指纹残留在传感器上，安全性非常高。

Yale 门锁的密码保安技术主要有手掌触摸功能、虚位密码功能、智能显示功能等。因此相比于传统的密码锁，Yale 门锁的密码保安技术的安全性更高。

Yale 门锁的主锁系列具备安全把手的功能，这项功能具备两方面的优势：一方面，在紧急情况下，用户可以从室内迅速开启；另一方面，它可以有效防止窃贼通过打孔方式进行开锁的风险。

Yale 门锁的浮动密码技术不同于传统密码锁。传统密码锁的密码在每次使用时不能改变，因此存在被窃取复制的危险；而浮动密码技术是指锁体系统中具备两组密码：固定密码和浮动密码，每次使用时，钥匙中的密码输入锁体系统中会进行一次确认，确认通过后门就会被打开，然后密码就会自动更换。这种浮动密码技术的优势在于：无规律且不可复制。

14.1.4　用于检测电流的插座

电流检测插座是智能家居的一个小部件，如图 14-4 所示。电流检测插座是一款可远程遥控和管理的电流、电压、功率、用电量检测插座。它的工作原理是：当连接电器时，电流检测插座可以检测到当前电器的负载电流等参数的信息，并能根据检测到的数据来判断电器的工作状态。除此之外，电流检测插座还可通过配合手机智能家居软件实现家庭能耗的实时监测和管理。

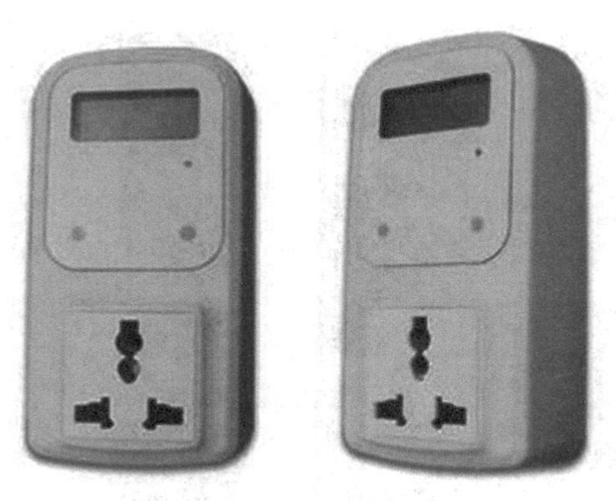

▲ 图 14-4　电流检测插座

14.1.5　物联云技术保险柜

一直以来，传统保险柜都存在着风险无法感知、密码容易破解、钥匙容易复制的缺陷，这些缺陷对客户的财产和信息安全构成了极大的威胁和挑战。为应对这些问题，南京物联传感技术有限公司率先在全球推出了具备云安全技术的物联网保险柜，如图 14-5 所示。

▲ 图 14-5　物联云安全保险柜

物联云安全保险柜应用了较厚的钢板材质，其特性是耐高温、防火。物联云安全保险柜配上了物联电子摄像机和无线网关，能够实时了解保险柜的一举一动。当有人打开或者搬动保险柜时，物联云安全保险柜能够随时随地监控和记录，以便主人查询。最有意思的是，当该保险柜遭遇到非法撬动时，系统就会立即向主人手机发送报警信号，以阻止案件发生。

14.1.6 Korner 窗户传感器

在入室偷窃行为中，行窃者闯入室内无外乎撬锁、爬窗等手段。目前，智能猫眼已经为用户行使了“看管”大门的职责，那么接下来要注意的便是对室内各个窗户的监督。因此，Korner 窗户传感监测器诞生了，如图 14-6 所示。

Korner 看起来就像是一个简单的小三角，却内含玄机。Korner 系统包含 2 个部分，如图 14-7 所示。当门窗被打开后，标签感应到动作，就会发送信号给接收器，接收器会发出巨大的音频警报，同时还会发送通知到用户的手机。

▲ 图 14-6　Korner 窗户传感器

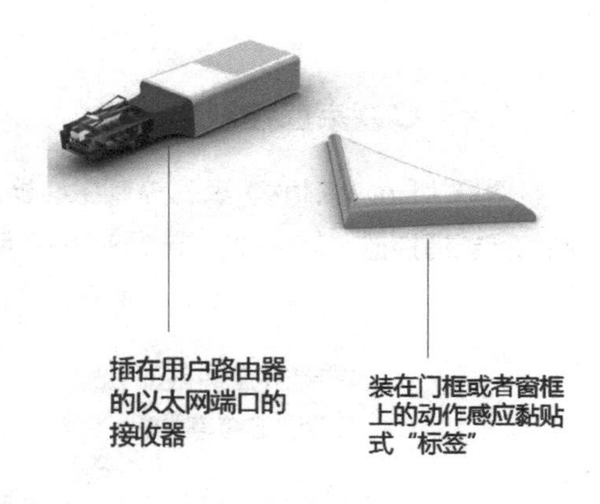

▲ 图 14-7　Korner 系统 2 个组成部分

14.1.7 噪声探测器

随着人们对生活、工作环境要求的进一步提高，噪声成为影响人们健康生活的一项重要的环境污染指标。现实生活中，由于绝大多数噪声，特别是那些影响人们休息、睡眠质量的噪声并非时时出现，因此环保监测部门不能在这些噪声出现时及时捕获记录，从而导致噪声源逃避了有效监管。

噪声污染会使居民生活质量下降，造成社会矛盾和不满加剧。面对这一问题，物联传感公司率先在全球推出物联网实时无线噪声探测器 WL-WNS-01，如图 14-8 所示。该噪声探测器结合物联网技术、云技术、移动互联网技术以及太阳能技术，每天 24 小时实时监测住宅区域的噪声数据，为消费者选址、取证、定位提供保证。

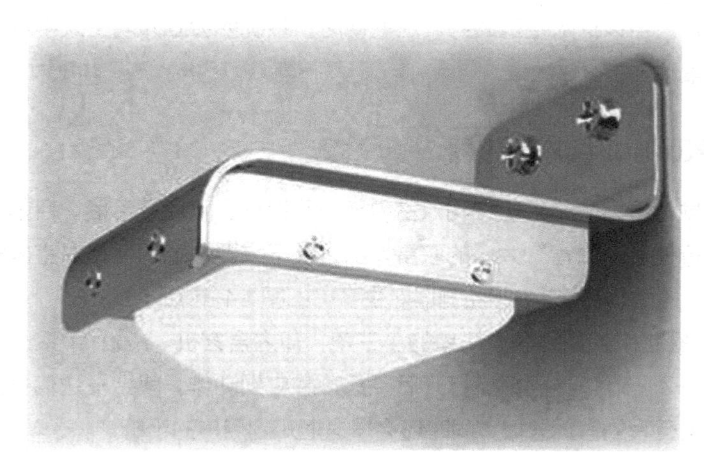

▲ 图 14-8 噪声探测器

14.1.8 博联家庭控制中心器

博联（BroadLink）家庭控制中心器又称为 BroadLink RM2，是一款用手机控制的万能遥控器。其主要功能如图 14-9 所示。

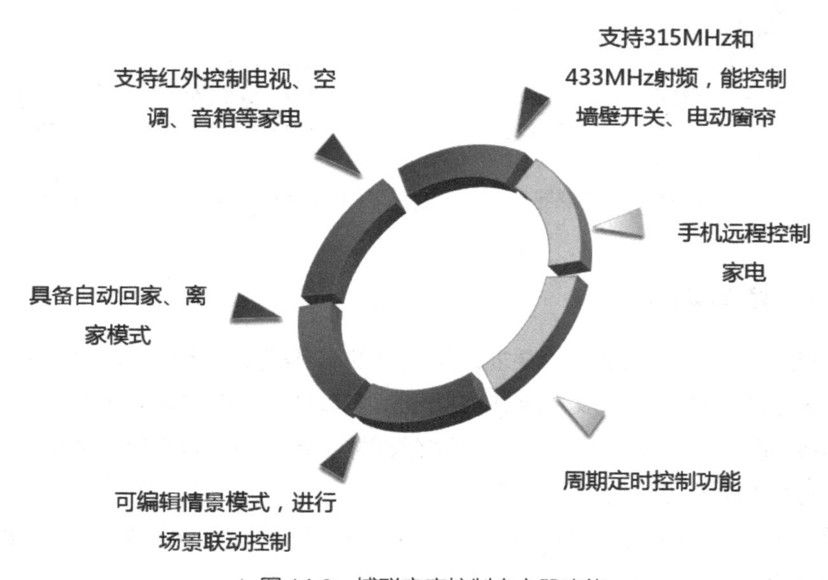

▲ 图 14-9 博联家庭控制中心器功能

博联控制中心采用特殊透红外材料，配合独特的三角弧面造型，减少了红外漫反射，其红外穿透率高达 95%。BroadLink RM2 的第一大功能是能够通过手机控制家中电器，让家中电器尽在掌控，如图 14-10 所示；而新增的定时功能可以在指定时间发送指令，使电视机等家电能够在指定时间开启到预设频道；同时 BroadLink RM2 新加入了 433MHz 和 315MHz 射频遥控，使之既能支持红外遥控，还能支持射频功能，让无限数据传输无障碍、更迅速，产品的性能更突出。

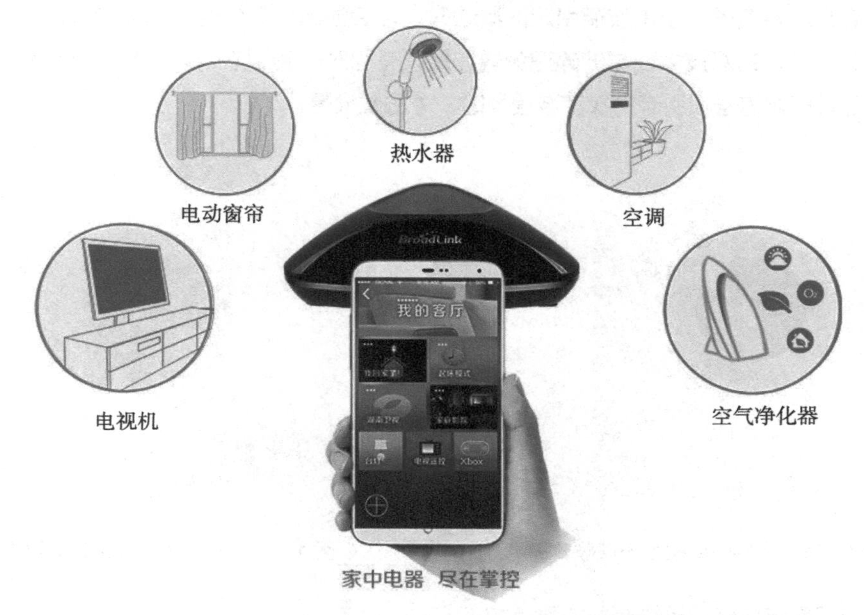

▲ 图 14-10　BroadLink RM2 通过手机控制家居

14.2　安防之信号输入产品分享

随着生活水平的提高，智能家居行业已占据越来越重要的位置；构建一个安全、舒适、和谐的家居环境，越来越引起人们的关注和重视。智能家居安防产品也正朝着前端一体化、视频数字化、监控网络化、系统集成化的方向发展。

在智能家居安防系统中，门窗控制和安防报警功能一直是至关重要的两大系统，而各类传感器和探测器成为支撑这两大系统的主要产品。本节笔者将为大家介绍安防类信号输入产品。

14.2.1　玻璃破碎探测器

玻璃破碎探测器是用来探测住宅窗户玻璃是否被人破坏的智能设备，如果有人破坏玻璃而非法入侵，玻璃破碎探测器则会发出报警信号。

玻璃破碎探测器按照工作原理的不同大致可以分为两大类：一类是声控型的单技术玻璃破碎探测器，如图 14-11 所示；另一类是双技术玻璃破碎探测器，其中包括声控型和震动型组合的双技术玻璃破碎探测器、同时探测次声波和玻璃破碎高频声响的双技术玻璃破碎探测器，如图 14-12 所示。

声控型和震动型组合的双技术玻璃破碎探测器，是只有同时探测到玻璃破碎时发出的高频声音信号和敲击玻璃引起的震动时，才会输出报警信号；探测次声波和玻璃破碎高频声响的双技术玻璃破碎探测器，是只有同时探测到敲击玻璃和玻璃破碎时发出的高频声响信号和引起的次声波信号时，才触发报警。

▲ 图 14-11　声控型单技术玻璃破碎探测器

▲ 图 14-12　双技术玻璃破碎探测器

使用安装玻璃破碎探测器的要点如下。

①玻璃破碎探测器在工作时，要尽量靠近所要保护的玻璃，尽量远离噪声干扰源，如尖锐的金属撞击声、铃声、汽笛的啸叫声等，以避免误报警情况发生。

②不同种类的玻璃破碎探测器，需根据其工作原理的不同进行安装。

③可以用一个玻璃破碎探测器来保护多面玻璃窗。

④窗帘、百叶窗或其他遮盖物会部分吸收玻璃破碎时发出的能量，特别是厚重的窗帘将严重阻挡声音的传播。

⑤探测器不要装在通风口或换气扇的前面，也不要靠近门铃，以确保工作的可靠性。

14.2.2　烟雾传感器

烟雾传感器是一款通过监测烟雾的浓度来实现火灾防范的装置，目前被广泛运用到各种消防报警系统中，尤其是火灾初期、人不易感觉到的时候进行报警。烟雾传感器可分为离子式烟雾传感器和光电式烟雾传感器。

（1）离子式烟雾传感器：该烟雾传感器内部采用离子式烟雾传感，是一种技术先进、工作稳定可靠的传感器，被广泛运用到各消防报警系统中。其性能远优于气敏电阻类的火灾报警器，如图 14-13 所示。

（2）光电式烟雾传感器：光电式烟雾传感器由光源、光电器件和电子开关组成，内部安装有红外对管，无烟时红外接收管接收不到红外发射管发出的红外光，当烟尘进入内部时，通过折射、反射作用接收管接收到红外光，智能报警电路就会判断是否超过阈值，如果超过就会发出警报，如图 14-14 所示。

▲ 图 14-13　离子式烟雾传感器

▲ 图 14-14　光电式烟雾传感器

对离子式烟雾传感器和光电式烟雾传感器两者进行比较，会发现离子式烟雾传感器对微小的烟雾粒子的感应要灵敏一些，对各种烟能均衡响应；而光电式烟雾传感器对稍大的烟雾粒子的感应要更灵敏，而对灰烟、黑烟响应差些。

当家中发生熊熊大火时，空气中烟雾的微小粒子较多；而闷烧的时候，空气中稍大的烟雾粒子会多一些。当火灾发生时，若产生了大量烟雾的微小粒子，离子式烟雾传感器会比光电式烟雾传感器先报警；而当闷烧火灾发生时，会产生大量稍大的烟雾粒子，这时光电式烟雾传感器会比离子式烟雾传感器先报警。

14.2.3　可燃气体传感器

家庭中常见的可燃气体是天然气，及时检测可燃气体泄漏是智能家居必不可少的功能。目前，可燃气体传感器主要有催化型和半导体型两种。催化型可燃气体传感器是利用难熔金属铂丝加热后的电阻变化来测定可燃气体浓度，当可燃气体进入探测器时，铂丝表面会产生氧化反应，其产生的热量使铂丝的温度升高，并改变铂丝的电阻率和输出电压大小，从而测出可燃气体浓度；半导体型可燃气体传感器是利用灵敏度较高的气敏半导体器件工作的，当遇到可燃气体时，半导体电阻会下降，从而可知可燃气体的浓度大小。可燃气体传感器的外形如图 14-15 所示。

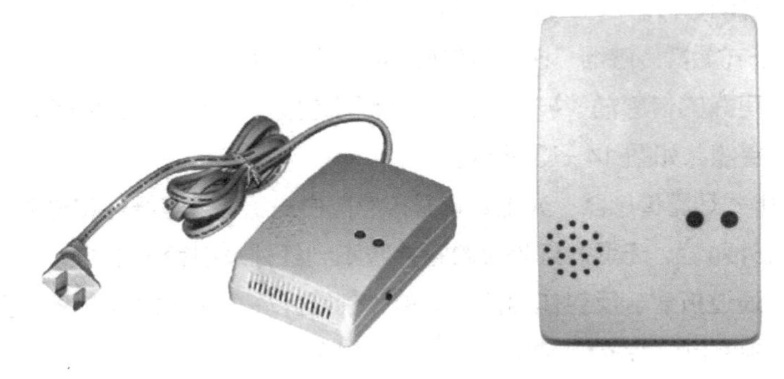

▲ 图 14-15 可燃气体传感器

14.2.4 温湿度传感器

温湿度传感器是指能将温度量和湿度量转换成容易被测量处理的电信号的设备或装置，如图 14-16 所示。市场上的温湿度传感器一般是测量温度量和相对湿度量。在智能家居应用中，无线温湿度传感器能够实时传回不同房间内的温湿度值，然后根据这些数值分析结果发出指令，打开或关闭各类电器设备，比如空调、加湿器等。

除了能与各家电进行互联开关之外，还能与智能家居主机配合工作，实现远程网络监控室内的温湿度值，或者对温湿度参数进行无线联动智能控制。比如某个房间温度太低了，将地热打开或将空调调至制热的模式来实现升温的自动化控制。

▲ 图 14-16 温湿度传感器

14.2.5 无线门磁探测器

无线门磁探测器是用来探测门、窗、抽屉等是否被非法打开或移动的装置，如图

14-17 所示。无线门磁探测器在智能家居安全防范即智能门窗控制中经常被使用，它本身并不能发出警报，只能发送某种编码的报警信号给控制主机，当控制主机接收到警报信号后，会将信号传递给报警器，报警器会发出报警声音。

无线门磁探测器一般采用省电设计，当门关闭时，它不发射无线电信号，此时耗电非常少，大约只有几微安；而当门被打开的瞬间，探测器会立即发射 1 秒左右的无线报警信号，然后自行停止，这是为了防止发射机连续发射造成内部电池电量耗尽而影响报警。

同时，无线门磁还设计了低电压电池检测电路。当电池的电压低于 8 伏时，下方的 LP 发光二极管就会点亮，这时需要立即更换 A23 报警器专用电池，否则会影响报警的可靠性。

无线门磁探测器工作可靠、体积小巧，尤其是通过无线的方式工作，使安装和使用都非常方便和灵活。

▲ 图 14-17　无线门磁探测器

14.2.6　人体红外探测器

人体一般会发出 10 微米左右的特定波长红外线，人体红外探测器就是靠探测人体发射的 10 微米左右的红外线来工作的，如图 14-18 所示。

▲ 图 14-18　人体红外探测器

探测器收集人体发出的 10 微米左右的红外辐射，然后聚集到红外传感器上。红外传感器通常采用热释电元件，这种元件在接收了红外辐射温度发出变化时就会向外释放电荷，检测处理后产生报警。

这种探测器是以探测人体辐射为目标的，所以辐射敏感元件对波长为 10 微米左右的红外辐射必须非常敏感。为了增加人体的红外辐射敏感度，在探测器上通常覆盖有特殊的滤光片，使环境的干扰受到明显的控制作用。红外探测器的传感器包含 2 个互相串联或并联的热释电元，而且其 2 个电极化方向正好相反，因此环境背景辐射对 2 个热释电元具有相同的作用，使其产生释电效应相互抵消，于是探测器无信号输出。一旦有人进入探测区域内，人体红外辐射通过透镜而聚焦，从而被热释电元接收，由于两片热释电元接收到的热量不同，热释电也不同，因此不能抵消，经信号处理而报警。

14.2.7　无线幕帘探测器

无线幕帘探测器是被动红外探测器，目前在电子防盗、人体探测器领域中的应用非常广泛，因其价格低廉、技术性能稳定而被应用到智能家居领域。无线幕帘探测器一般安装在窗户旁边或顶部，当有人进入探测区域时，探测器将自动探测该区域内的人体活动，如发现动态移动现象，无线幕帘探测器就会向控制主机发送报警信号，如图 14-19 所示。

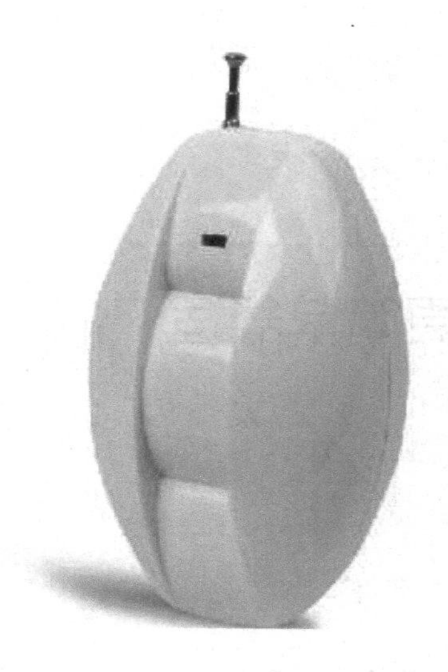
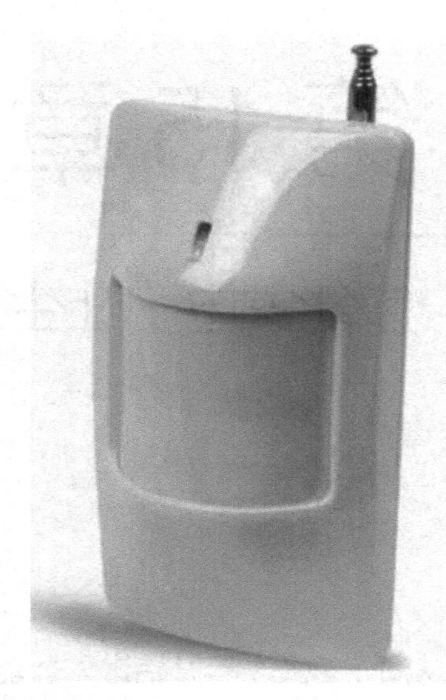

▲ 图 14-19　无线幕帘探测器

第 15 章

智能家电，让生活更简单舒适

自从海尔 2001 年开始进入智能家居市场后，美的、长虹、格力等家电厂商也都相继介入。而乐视网与富士康、高通等企业的合作，打响了互联网企业进军智能家居领域的第一枪。随后，东芝（TOSHIBA）、三星（Samsung）、LG 等日韩家电巨头，以及腾讯、苹果、谷歌等互联网巨头企业，都纷纷进军智能家居行业。本章笔者将与大家分享各种智能家电的发展和应用。

15.1 智能电视

2013 年，智能电视开始火热起来。当小米还在以“犹抱琵琶半遮面”的姿态流传要出智能电视时，老牌电视企业夏普、TCL 等已经开始行动。智能电视各项技术的升级，处理器从单核到双核再到四核，内存又分 GB 和 Gb，以 Andriod 系统为主导，使得智能电视的实质越发充实。电视作为人们日常家居的重要设备，经历了图 15-1 所示的几个时期。

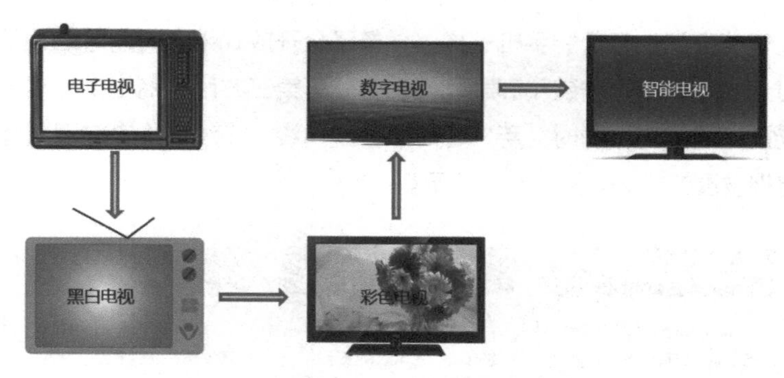

▲ 图 15-1 电视的发展

15.1.1 智能电视时代

智能电视是在互联网浪潮冲击下形成的新产品，其目的是带给用户更便捷、更好的体验，目前已经成为电视发展的潮流趋势，如图 15-2 所示。

▲ 图 15-2 智能电视

智能电视的到来，顺应了电视机“高清化”“网络化”“智能化”的趋势。当 PC 早就智能化，手机和平板电脑也在大面积智能化的情况下，TV 这一块屏幕也逃不过 IT 巨头的眼睛，慢慢走向了智能化。在国内，各大彩电巨头早已经开始了对智能电视的探索；智能电视盒生产厂家也紧随其后，以电视盒搭载 Android 系统的方式来实现电视智能化的提升。

所谓真正的电视智能化，是指电视应该具备能从网络、AV 设备、PC 等多种渠道获得节目内容的能力；能够通过简单易用的整合式操作界面，将用户最需要的内容在大屏幕上清晰地展现出来。

15.1.2　智能电视的优势

目前，智能电视也像智能手机一样，具备了全开放式平台，同时搭载了一系列操作系统，可以由用户自行安装和卸载软件、游戏等第三方服务商提供的程序，来实现对彩电功能的不断扩充；同时，用户还可以通过网线、无线网络来实现上网冲浪的功能。智能电视发展的优势如图 15-3 所示。

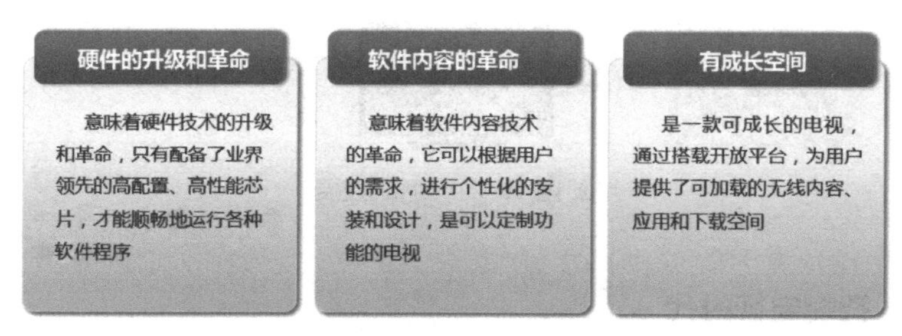

▲ 图 15-3　智能电视发展的优势

智能电视的开发中，最具代表性的便是三星 LED Smart TV。作为 LED 电视市场的开创者，三星在三星中国论坛（China Forum）上发布了 LED Smart TV，标志着代表国际彩电主流趋势的智能电视正式进入中国市场，如图 15-4 所示。

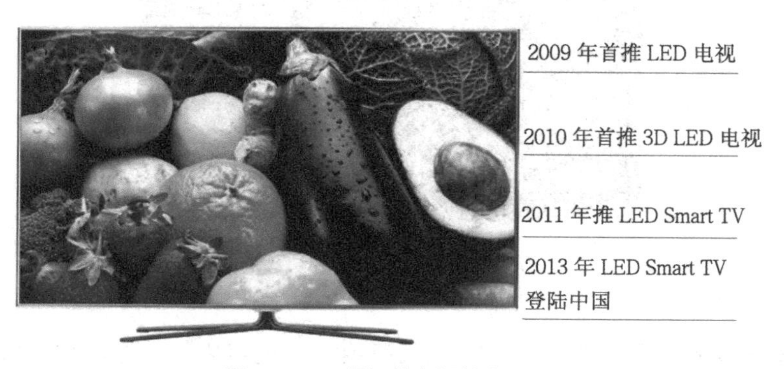

▲ 图 15-4　三星智能电视的发展历程

作为 LED 电视技术的领导者，三星掌握从面板、芯片到 LED 背光源的全产业链的核心技术，引领着LED电视的发展潮流。而相对其他类型的电视，LED电视在画质表现、外观工艺和节能环保等方面具有先天优势，如图15-5所示。

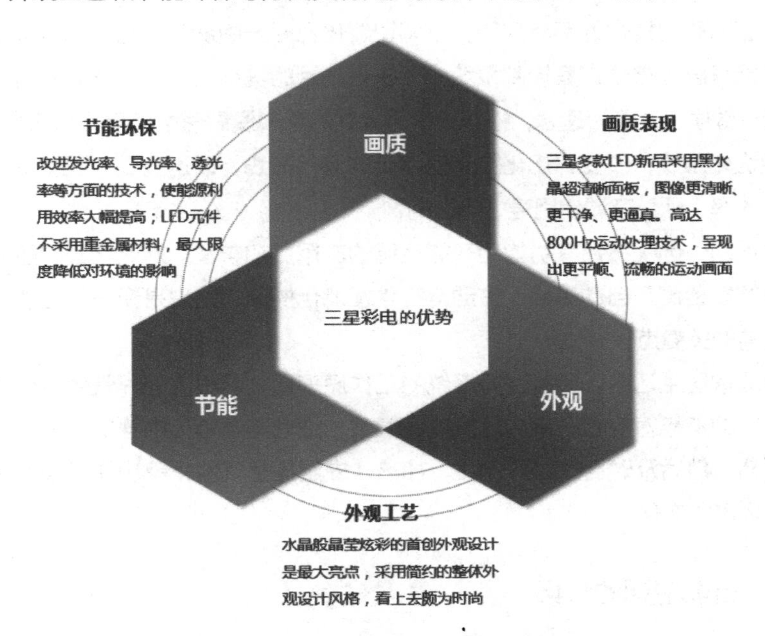

▲ 图15-5　三星LED彩电的优势

智能电视顺应了电视机网络化、智能化的发展趋势，是彩电未来发展的重要方向。当前，智能电视产业发展十分迅速，规模持续扩大，新兴技术不断涌现，应用服务日益丰富，生态体系加速构建，融合态势也越发显著。总的来说，智能电视具有广阔的市场前景。

15.2　智能空调

2014年，智能家居的概念受到业内外的广泛关注，众多家电制造商都在积极探索智能家电的发展道路，而空调作为居家必备的电器之一，其智能化技术同样也受到了各大家电制造商的重视，如图15-6所示。

▲ 图15-6　智能空调

15.2.1　智能空调时代

随着互联网时代的来临，变频空调渐渐取代传统定频空调，成为市场的主流。而当这股潮流还未退去之时，具有智能感应、自动检测、云端服务等功能的智能空调悄悄进入了人们的视野中，成为行业中空调产品的潮流。

伴随着物联网技术的不断创新，空调智能化已经开始从单一的产品升级到空调物联网、智能家居等整个家庭控制系统中。在物联网的基础上，空调物联网智能控制系统以时尚、健康、节能为理念，根据人体对温度的感知模糊理论和智能系统集成技术，通过智能优化系统，改变并优化空调压缩机的运行曲线，以达到最大限度降低能耗，提高利用效率，延长空调使用寿命的目的。

人机互动、远程操控等功能使智能空调的应用更加丰富。除此之外，智能空调还可以进行智能检测、自动提醒、主动运行等智能化操作，这也是新一代智能空调技术区别于之前的关键点。

在智能家居生活中，智能空调系统的工作原理是：能根据外界气候条件变化，按照预先设定的指标对安装在室内的温度、湿度、空气清洁等传感器所传来的信号进行分析、判断，然后及时自动打开制冷、加热、去湿及空气净化等功能以帮助室内适应外界气候环境的变化。

15.2.2 智能空调的分类

目前，市场上的智能空调可以分为 3 类，如图 15-7 所示。

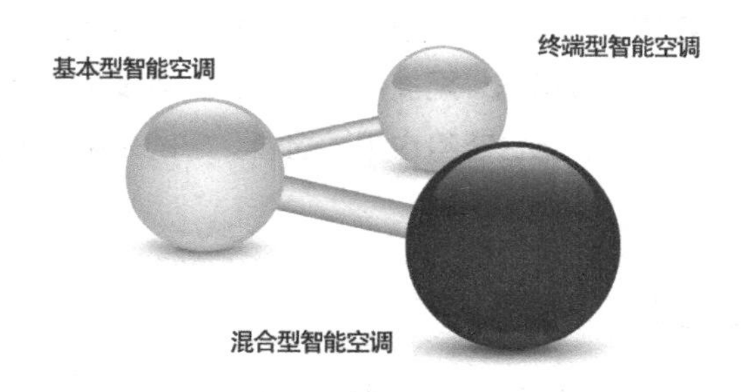

▲ 图 15-7 智能空调的分类

基本型智能空调通过采用一种或多种智能化技术，使之具备了一种或多种智能化特性。除传统的基本软硬件系统外，还包括图 15-8 所示的执行系统。基本型智能空调还可以通过外部数据接口，如简单的 USB 接口或网络通信模块，实现与外部数据的交换以及对智能空调的远程操控。

与基本型相比，终端型智能空调不具备智能决策能力。它主要是通过网络通信系统与智能家电服务平台相连，然后服务平台根据空调的参数和智能决策算法进行智能化分析、决策，空调只完成相应传感信息的接收以及决策信息的接收与执行即可。

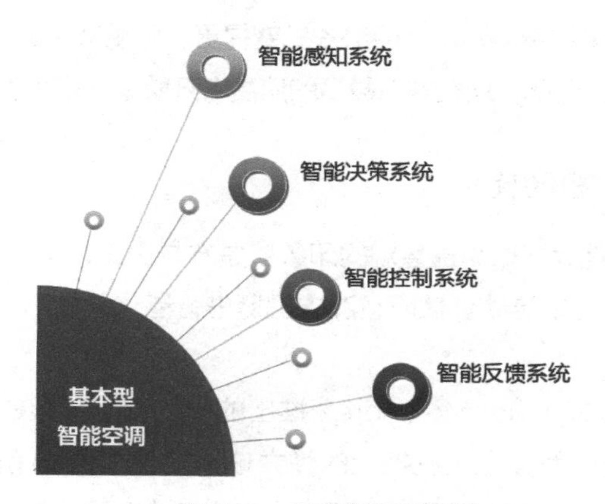

▲ 图 15-8　基本型智能空调

对于未来的空调形态，各大企业只需记住两点：第一，消费者需要的是一个能够根据需要调节温度、湿度从而获得清新空气的空间，而不是一件冷冰冰的设备；第二，传统空调的设计和制作能力在移动互联网时代是最易被颠覆的对象，因此“社交化”“人性化”是未来智能空调发展的必然趋势。

15.3 智能洗衣机

随着人类文明的不断进步、科学技术的飞速发展，智能技术在人们生活中随处可见。不仅仅是智能电视、智能空调和智能冰箱，洗衣机也开始采用智能技术，特别是在操控方面越来越多的智能技术已应用其中，如图 15-9 所示。

▲ 图 15-9　智能洗衣机

智能洗衣机通过采用智能技术，使洗衣机变得更“聪明”、更“体贴”，让人们的洗衣任务变得更简单。因此，现在越来越多的消费者开始追捧搭载智能技术的洗衣机。

15.3.1 智能洗衣机时代

对于洗衣机，相信大多数人最直观的印象就是方方正正、规规矩矩的一个大箱子，打开盖子把脏衣服放进去转动。然而当洗衣机挺进智能化领域后，一切都将颠覆人们从前的印象。

例如，由设计师 Manuel Melendrez 推出的一款相当有趣的概念洗衣机，其外形非常奇特，就像一个悬挂在天花板上的弹力球，如图 15-10 所示。这款洗衣机主要通过弹跳运动来获取能量，继而产生蒸汽将衣物上的污渍分解，并利用内置的电极化球体吸收污垢，最后会将衣物烘干并熨烫整齐，而这全部的过程只需要 15 分钟。

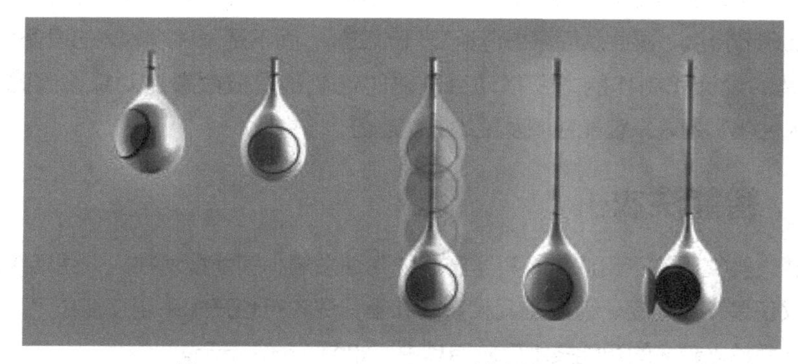

▲ 图 15-10　Manuel Melendrez 推出的概念洗衣机

Manuel Melendrez 推出的概念洗衣机目前还只是概念阶段，给人们留有充分的想象和期待。具备智能感应自添加系统的西门子洗衣机却是将智能化带入了人们生活中，该洗衣机能够自动侦测洗衣量和脏污程度，并通过智能控制中心精准调配适当比例的洗涤液或柔顺剂用量，然后自动投入进行洗涤。

具备 NF 全模糊控制技术的三洋 DG-F7526BCS 变频洗衣机能够模仿人的感觉、思维、判断力，通过多种传感器判断衣物重量、布质和衣物的洗涤状态等信息，决定洗衣粉量、水位高低、洗涤时间以及最佳洗涤方式，全程监控调整洗衣过程。较普通洗衣机而言，三洋变频洗衣机有更多人性化设计，更多地考虑到用户使用体验，而且更节能、更静音、使用寿命更长。

而具备感应智控科技的日立 BD-A6000C 滚筒洗衣机能够通过 3 个感测器多方位地感知衣物的质和量，智能控制滚筒的转速，充分发挥滚筒的高效拍打力，并且还能根据衣物量和水温来调节用水量及洗涤时间等。

除此之外，还有具备自动投放系统的小天鹅 TD70-1202LPID(L) 滚筒洗衣机。该智能洗衣机在洗涤过程中，除了能够根据衣物重量、洗衣程序等因素，自动添加相应剂量的液体洗涤剂和柔顺剂之外，还能在有效解决因洗涤剂过度使用造成衣物损伤的同时，减少污水的排放，将洗衣机的智能化升级到一个全新的高度。

15.3.2 智能洗衣机功能

洗衣机的升级进化经历了普通型、半自动型、自动型和全自动型，每一次蜕变都给人们的生活带来了极大的便利。发展至今，随着人们对家居生活需求的不断提高，推动了洗衣机向智能化的方向发展。之所以说智能洗衣机是智能家居中的高科技产品，是因为相对于其他智能产品来说，它有更多基于互联网的智能功能，如图 15-11 所示。

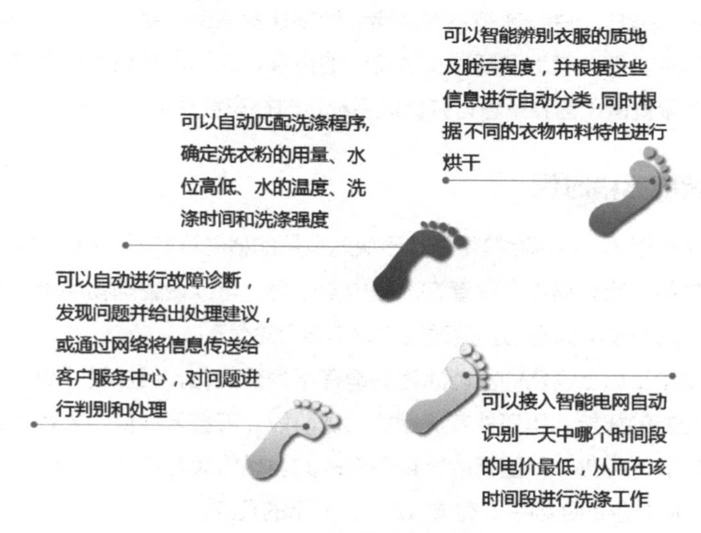

▲ 图 15-11 智能洗衣机的功能

相对于智能电视、智能空调行业，智能洗衣机的产品还不多，功能也不够完善。但是未来，智能洗衣机一定会逐渐进入人们的生活中，为人们节省大量宝贵时间，享受轻松惬意的洗衣过程。

15.4 智能冰箱

继智能电视、智能空调、智能洗衣机之后，智能冰箱也成了智能家电领域的突破性产品。在智能化产品大行其道的情况下，冰箱的智能化也渐渐有迹可循，如图 15-12 所示。

▲ 图 15-12　智能冰箱

所谓智能冰箱，就是能对冰箱进行智能化控制、对食品进行智能化管理的冰箱。具体来说，就是能自动进行冰箱模式调换，始终让食物保持最佳存储状态。用户可以通过手机或电脑，随时随地了解冰箱里食物的数量、保鲜保质信息；同时，冰箱还能为用户提供健康食谱和营养禁忌，并提醒用户定时补充食品等。

15.4.1　智能冰箱时代

与普通冰箱相比，智能冰箱将依赖于快速发展的移动互联网、物联网等先进技术，具有独特的功能。比如通过在线查询冰箱内部信息，可以设置购物清单，提醒用户购买食物；更可以通过手机短信，实时接收冰箱信息短信等。

目前，我国市场上销售的智能冰箱的确有不少智能化，但加载“简易平板电脑”和食品储存功能的智能冰箱还处在应用的初级阶段。随着云计算、大数据、物联网等产业链配套环节的完善，我国智能冰箱在未来的发展将大有可为，而迫使传统冰箱行业向智能化方向发展的原因主要有图 15-13 所示的几点。

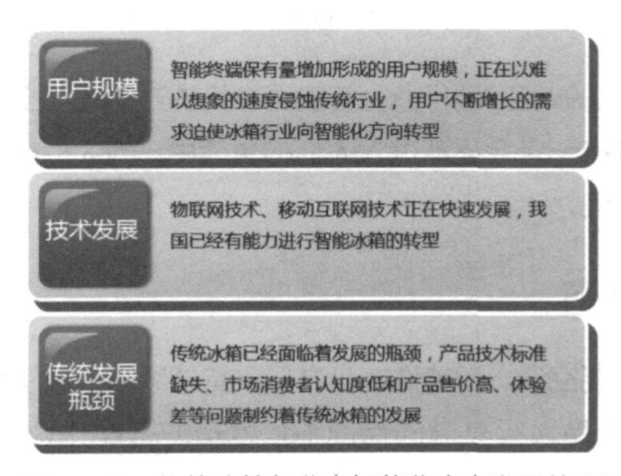

▲ 图 15-13　传统冰箱行业向智能化方向发展的原因

15.4.2 智能冰箱的功能

随着智能空调、智能电视的普及，智能型的家电对消费者来说已经不再陌生，而智能冰箱这一块并没有太多企业涉足。相关数据显示，截至 2013 年底，我国智能冰箱市场份额不足 1%；即使经过两年的发展，到 2015 年，我国智能冰箱市场也依然没有飞跃式的发展。因此，我国智能冰箱拥有巨大的市场发展空间。

中国白电市场智能化的大门已经打开，冰箱行业的竞争也渐渐加剧，从外观、性能逐渐聚焦到用户的使用便捷性、智能化等方面，传统冰箱行业面临着转型；而且物联网、移动互联网的发展，加速了整个中国智能冰箱产业的发展和市场的变局。

英国《每日邮报》曾有篇报道，称英国科学家曾设计出了一款“未来冰箱”，这款冰箱会根据食材散发出的味道来判断它是不是新鲜，然后把不新鲜的食材调动到距离冰箱门最近的地方，以此来提醒主人“该吃它了”；冰箱中的智能菜单系统能帮助精打细算的家庭主妇们过上省时省力的生活，也能为懒人们提供个性化服务。除此之外，这款冰箱还可以与英国网上超市进行联网，并根据储存情况和用户的偏好给出适当的“菜谱”，然后自动选择送货上门，让用户足不出户就能安享美食……

这款冰箱向我们展示了未来冰箱的两大关键特征，即个性化和智能化。总之，未来智能冰箱的主要功能可以分为 4 个方面，如图 15-14 所示。

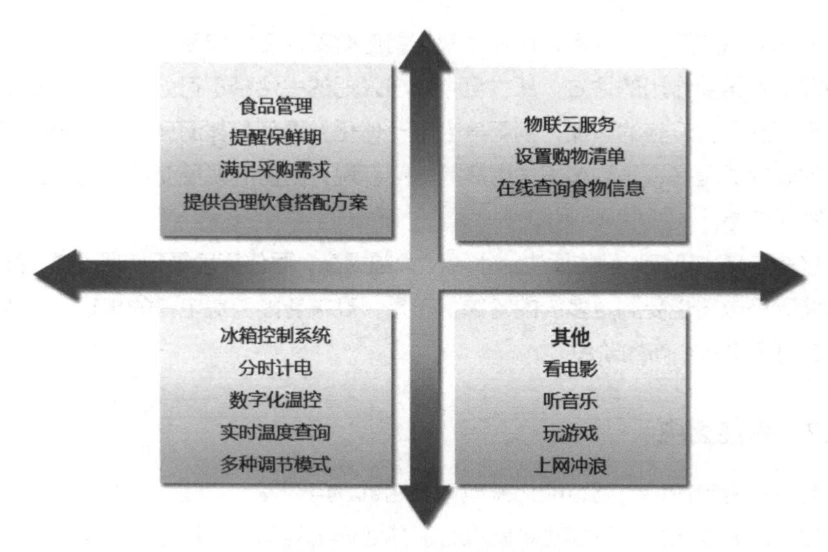

▲ 图 15-14　未来智能冰箱的功能

15.5 智能厨房

“懒人”是现代都市人中的一个新兴群体，他们习惯于享受便捷的厨房生活，却又不肯降低品质要求；他们工作忙碌，无暇打理厨房生活，却又崇尚简约、时尚、省时的生活方式。因此一些方便、实用、新奇的智能厨房用品，恰好满足了现代都市生活中“懒人”们对厨房的需求，如图 15-15 所示。

▲ 图 15-15 智能厨房

15.5.1 智能厨房时代

柴米油盐酱醋茶这七件事，每一件都与厨房有着紧密的联系。厨房，这个在人们居室中发挥着重要作用的地方，从古至今都与人们的生活密不可分。纵观我国厨卫的发展历程，从厨房设施的增加，到厨房家电一体化，再到整体厨房；从传统的封闭式厨房，到开放式厨房，再到起居式厨房等。可以说，厨房的发展变革给厨房家电企业创造了发展机遇。

而这些年来，随着人们物质生活水平的大幅提高，居住环境得到前所未有的改善，高端智能厨房电器也受到更多人的青睐。于是，高端智能厨房电器的出现又让人们的厨房革命进入了一个新的阶段。

15.5.2 智能厨电

随着传统厨电纷纷布局智能化家电，油烟机、电饭煲、烤箱、微波炉等一系列厨电设备也纷纷升级转型。下面笔者就以智能抽油烟机为例，介绍智能厨电在智能家居中的作用。

有数据表明，我国妇女很少吸烟、酗酒，可是她们却很容易衰老，也有不少人患上呼吸道疾病，这是什么原因呢？医学家发现，这与她们天天在厨房里炒菜时吸入的油烟有关。因此面对这样的情况，人们对智能厨电的发展开始提出了新要求，如图 15-16 所示。

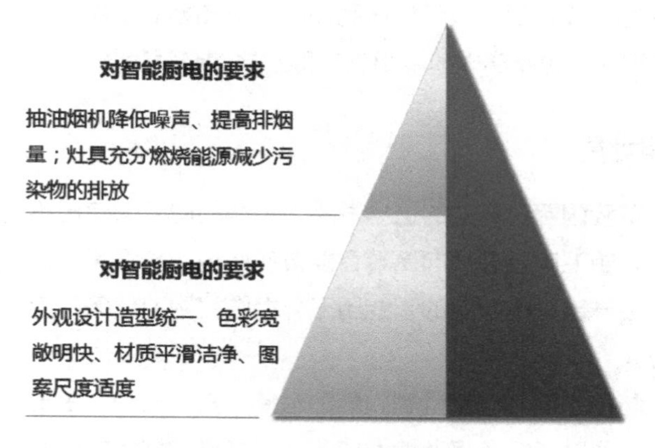

▲ 图 15-16　人们对厨电发展的新要求

所谓智能抽油烟机，主要是由两部分组成的：一是抽油烟机的主机部分，二是感应和检测装置。目前的智能抽油烟机主要有以下功能，如图 15-17 所示。

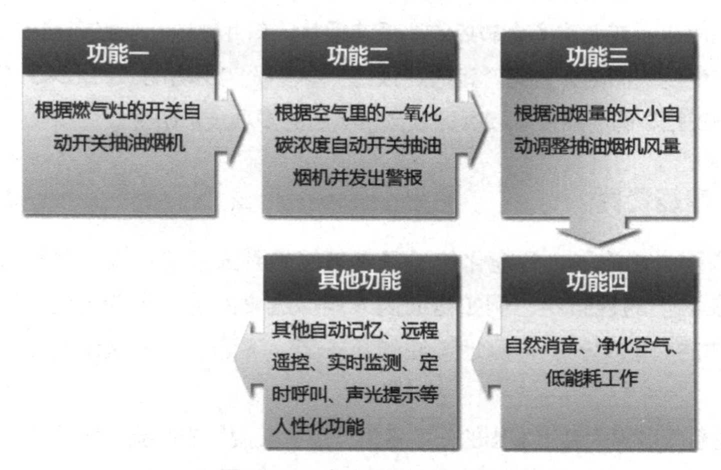

▲ 图 15-17　智能抽油烟机的功能

目前市面上的智能抽油烟机都有自己的特色，例如海尔 D68V 抽油烟机就具有几大亮点。

①具备一氧化碳含量检测技术，当含量超标时，油烟机就会自行启动将一氧化碳全部排出室外，以解除安全隐患。

②具有防烟屏，能屏蔽逸出来的油烟，同时还能进行声音提示，使消费者免受扑面而来的油烟侵害。

③采用触摸感应式的灵敏按键，操作简单。

中国抽油烟机普及已有 20 多年了，期间经历了薄型、中式深吸式、欧式顶吸式、近吸式等多种形态阶段，但一直无法做到彻底吸排油烟。智能抽油烟机的出现，既是广大家庭主妇的福音，也是高端智能厨房电器发展的必然趋势。

15.5.3 智能灶具

近年来，随着我国厨卫产业的迅猛发展，传统的厨卫家电已不能满足广大消费群体的需求。因此，厨卫电器必须向高端智能方向转型，长虹紧跟时代步伐，在厨电上加大创新力度，生产出领先行业的智能厨卫，力图将厨卫业务打造成长虹小家电产业发展的综合平台。

长虹的新三防技术燃气灶具受到人们的追捧，其“三防”主要包括“防干烧、防火墙、防熄火”；同时长虹还将继续增加各种智能操控技术的研发，使用全屏触摸按键替代老式的旋钮，以满足消费者的多功能操作、高效节能、大火力、燃气灶零部件材料更环保、更智能化、更安全的需求。

目前，长虹已经成功研制出一款新型节能、大火力嵌入式灶具，解决了燃气灶热效率高却功率小，或者功率高却热效率低的现状。除此之外，长虹还推出了触摸控制型灶具，方便用户清洁，并有“定时、预约”等多项实用功能。在未来几年，长虹还将积极推进长虹数码产品技术和厨房灶具相结合的多项技术研究。

15.5.4 智能餐具

在互联网大潮流下，智能化的设备越来越受到人们的关注，各类智能餐具也纷纷出现在人们的视野中，例如帮助病人均衡进食的智能平衡汤勺、改善肥胖人群饮食习惯的智能叉子、检测地沟油的筷子等。下面让我们认识几款充满创意的智能餐具。

首先是百度世界大会上推出的一款名为“百度筷搜”的产品，如图 15-18 所示。该款智能筷子外观和普通的筷子差不多，架在一个筷托上。该款筷子的主要功能是检测地沟油、水 pH 值等，只需将筷子或筷托触碰食品，它就能告诉人们油是不是地沟油、水的 pH 值是多少、水果的产地等。筷子其实是基于传感器的一个测量器，筷托则是基于红外光谱的分析器。当检测结果合格时，筷子尾部的 LED 灯就会显示蓝色；如果不合格，则显示为红色。

▲ 图 15-18　百度筷搜

第二款产品是减肥神器 HAPIfork，如图 15-19 所示。HAPIfork 内置蓝牙、传感器、振动马达等部件，当用户在进食的时候，其内置的传感器会测量用户的进食速度，然后将检测到的数据传导至用户的手机上；并且会事先计算好用户一顿饭所需要的热量，一旦热量超标，HAPIfork 就会通过震动和指示灯的方式来提示用户吃得太多或太快，以此来达到辅助控制饮食的效果。

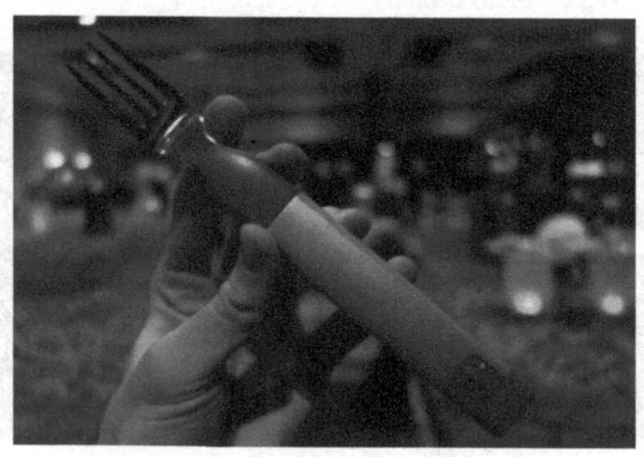

▲ 图 15-19　减肥神器 HAPIfork

最后一款产品是谷歌的智能汤勺 Liftware，如图 15-20 所示。该款智能汤勺可以通过主动消除震颤技术，帮助帕金森病人提高就餐自理能力。其原理是：Liftware 中的传感器可检测到病患的移动信号，然后传输到内置的小型电脑中，电脑再根据病患的震颤情况，指示汤勺朝另外一个方向移动，以此消除掉 70% 的手部颤动。

▲ 图 15-20　智能汤勺 Liftware

15.5.5　智能橱柜

厨房智能化产品的迅速普及让人们的生活变得更加轻松和高效，而橱柜作为厨房的重要组成部分自然也有不少科技产品看中了这个潜力巨大的市场。不少品牌橱柜紧跟市场需求，已将橱柜功能的发展提高到精神层面，把智能、数码、娱乐和美学等多种现代元素融入橱柜的设计中，使橱柜智能化趋势越来越明显。下面让我们认识几款智能橱柜。

第一款是佳居乐橱柜的智尚空间整体橱柜。这款橱柜融入了科技智能元素，完全符合人体工程学设计，且处处体现出人性化的关怀，如图 15-21 所示。其功能分区有储物区、烹饪区、准备区、电器贮藏区、中央岛台等。

▲ 图 15-21　智尚空间整体橱柜

烹饪区的柜门全部采用奥地利全自动系统，用户只需轻柔按柜门，即自动轻柔开启；储物柜的设计采用跑车机舱式上翻门，符合人体工学设计，新颖别致，所有储物柜的柜体内部上方自带 LED 灯，柜门打开时自动开启，内部明亮，用户取物时一目了然，十分人性化；中央岛台是智尚空间的一大特色，其面积较大，兼具储物、清洗和餐吧台的多种功能，让用户在烹饪闲暇之余，可以坐在吧台前，听音乐看电影，享受红酒美食，过着惬意的家居生活。

第二款产品是蓝谷・智能厨房的别墅至尊 S002 橱柜，如图 15-22 所示。该款橱柜采用了智能开合配置，即打开时，轻触按钮就能打开柜门，关闭时，只需轻按按钮即可全关闭；柜门能停在任意位置；橱柜采用全拉式抽屉，内部安装了智能感应灯；智能油烟机上还有音乐播放、收音机等娱乐功能。

▲ 图 15-22　别墅至尊 S002 橱柜

第 16 章

智能单品，处处不一样的精彩

自智能家居概念被人们熟知后，其智能、便捷、安全、舒适的居家体验让万千家庭用户有了新的选择。很多人在不能拥有整套智能家居系统之前，智能单品成了他们最大的选择。美国的智能家居产品发展相对较早，这两年智能单品也不断涌现：Nest、Sonos、Hue、Yale 门锁等。智能单品虽然算不上是最好的方式，但绝对算得上是最简单、最便捷的方式。本章让我们来看看那些优秀的智能单品。

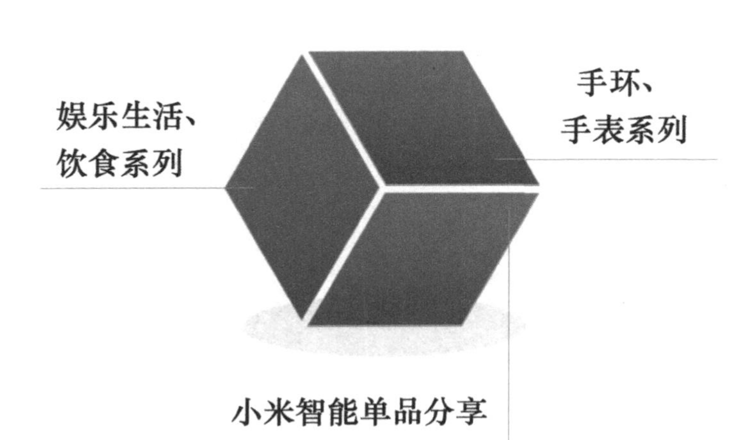

16.1 娱乐生活、饮食系列

随着物联网、移动互联网技术的发展，智能化的娱乐产品正在走入人们的生活中。在娱乐、饮食领域，智能家居单品也越来越多地得到应用。下面笔者为大家介绍几款被应用在娱乐生活以及饮食生活中的智能单品。

16.1.1 Sonos 无线扬声器

当晚上回到家中时，有没有想躺在沙发上闭着眼睛聆听音乐世界的美好？听音乐的方式很多，可以选择传统的家庭音响，也可以选择无线蓝牙音箱，但最终目的是获得更便利的音乐播放体验。

笔者为大家介绍的第一款智能单品就是 Sonos 的无线扬声器，如图 16-1 所示。这是一套先进的智能音响设备，Sonos 在国外非常有名，它既拥有悦耳非凡的音质效果，同时还很便携小巧，与智能手机设备和电脑的连接也十分方便。

▲ 图 16-1　Sonos 无线扬声器

Sonos 无线扬声器提供有桥接器 Bridge 配件，如图 16-2 所示。一根网线就能将 Bridge 与无线路由器连接在一起，只要路由器信号好，那么房间里所有 Sonos 无线扬声器设备都在人们的操控之内；而且人们还可以发挥不同的想象，例如将一个或多个 Sonos 无线扬声器放在客厅、卧室或书房中；如果想要操控不同房间的 Sonos 无线扬声器，只要通过手机或电脑的 Sonos 应用程序即可实现，如图 16-3 所示。

▲ 图 16-2　桥接器 Bridge 配件

▲ 图 16-3　通过手机或电脑的 Sonos 应用程序进行控制

16.1.2　Nostromo 鼠标

Nostromo 鼠标是一款游戏控制器，如图 16-4 所示。Nostromo 的特点总结下来有：出色的人体工学设计，包含 16 个基本键，一个滚轮带滚轮键，一个八向摇杆，一个摇杆旁的圆键，一个空格键，键位丰富且可全部由用户自定义。Nostromo 鼠标具备夜光效果，其亮度可以调节。除此之外，它还支持 20 个定义文件，每个定义文件有 8 种映射方案，定义文件和映射方案均可以用快捷键切换。

▲ 图 16-4　Nostromo 鼠标

16.1.3　麦开 Cuptime 智能水杯

麦开水杯是全球第一款智能水杯，具备提醒用户饮水、监测饮水量等功能，如图

16-5 所示。

▲ 图 16-5　麦开智能水杯

麦开智能水杯主要具备以下几大功能。

1. 饮水量统计

麦开智能水杯通过内置的重力传感器和 3D 加速传感器，可以测量出用户每次的喝水量，然后将数据同步到手机软件中，再将每一次的喝水时间和喝水量通过图表展示出来，如图 16-6 所示。

2. 饮水提醒

饮水提醒是麦开智能水杯的第二项功能，主要是根据用户的饮水量和饮水计划来调整水杯的饮水提醒时间。在提醒过程中，Cuptime 会发出类似电子表闹钟的“哔哔”声，如果声音响了一段时间后，用户还没有拿起杯子喝水，它就会过段时间再进行提醒。

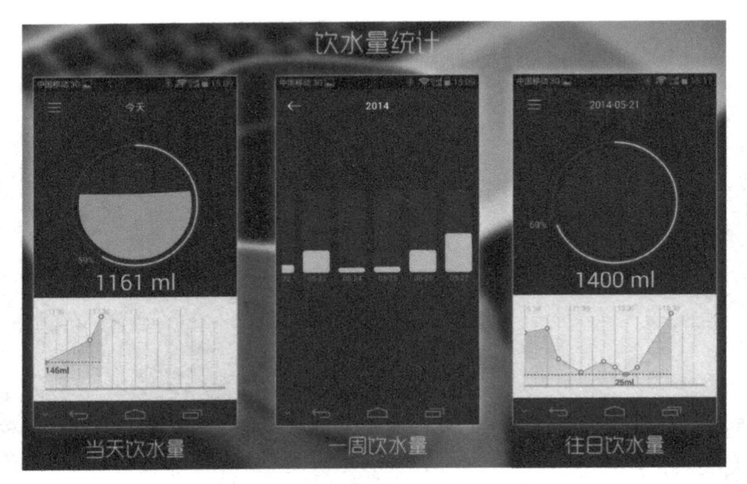

▲ 图 16-6　麦开智能水杯饮水量统计

3. 饮水习惯评价

Cuptime 的 APP 软件的饮水习惯评价系统会对用户每天的喝水习惯进行评价，并给出饮水习惯得分和星级评价，如图 16-7 所示。

▲ 图 16-7　麦开智能水杯饮水习惯评价

4. 水温监测

除了上述功能外，Cuptime 智能水杯为了避免人们在饮水的时候不小心烫伤，在杯子内部放置了温度传感器，可以用来监测到杯子的水温情况，然后通过指示灯颜色的变化来展示水温情况。如图 16-8 所示，蓝色表示水温 0℃ ~ 35℃，黄色表示水温 35℃ ~ 75℃，红色表示水温 75℃ ~ 95℃。

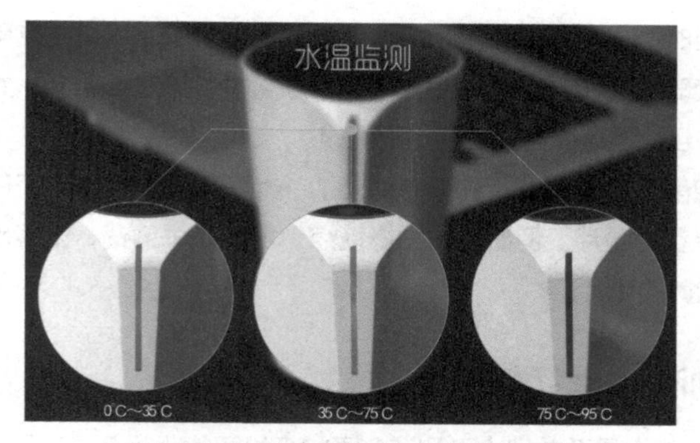

▲ 图 16-8　麦开智能水杯水温监测功能

16.1.4　Fireside 智能相框

Fireside 公司研究出了一款“会思考”的数码相框，就是这款运行 Android 的 15 英寸 1080P 屏幕，内置 64GB 储存空间、Wi-Fi 和 BLE 的智能相框，如图 16-9 所示。

▲ 图 16-9　Fireside 智能相框

Fireside 同时为 iPhone 和 Android 手机提供了专属的 APP 应用软件。通过软件，能够自动读取照片和视频，然后上传到云服务中；通过云服务，数码相框能够从中读取文件，并且快速存储到本地存储空间内。

Fireside 能读懂并理解照片的属性数据，人们只要通过手机 APP 输入关键词，就能看到自己想看的照片。例如输入拍摄地点、日期等关键词，就能够看到特定时间或特定地点里拍摄的照片。

16.1.5 飞利浦 Hue 灯泡

飞利浦 Hue 灯泡是荷兰皇家飞利浦公司的无线智能照明系统产品。从外观上看，飞利浦 Hue 和普通的灯泡一样，如图 16-10 所示。不同的是，飞利浦 Hue 可以通过桥接器连接到家里的无线网络。人们可以通过手机或平板电脑对其进行随心所欲的设置和操控，从而制造出不同的灯光效果，如图 16-11 所示。

▲ 图 16-10　飞利浦 Hue 灯泡

▲ 图 16-11　通过手机任意调控光亮

飞利浦 Hue 灯泡主要应用了 LED 照明技术和无线互联技术，为人们的生活创造了很多便利和乐趣。例如，通过手机定位功能，Hue 可以在人们回家或外出时，自动地开灯、关灯或是改变灯光颜色；或者通过设置定时提醒的功能，Hue 通过改变灯光的明暗来提醒人们需要做哪些事。通过互联网，Hue 还可以实现更多智能应用，包括显示天气状况、比赛结果、股票信息、电子邮件等；同时，人们还可以根据自己的需要进行任意设置。

16.1.6 朗美科光控感应灯

朗美科光控感应灯是一款可以进行光控感应的灯具，如图 16-12 所示。其光控感应体现在当白天光线较强的时候，灯不亮；到了晚上的时候，它也并非时时刻刻地亮着。而是当感应器感应到人体靠近时，它才会亮；当人体离开 20 秒之后，它就会自动关闭。因此，它又是一款人体感应灯。

▲ 图 16-12 朗美科光控感应灯

鉴于朗美科光控感应灯的这种特点，它可以被放置在很多地方，比如立于桌面上，固定在墙壁、瓷砖、木头、金属等表面，如图 16-13 所示。而且朗美科光控感应灯还可以作手电筒和应急灯使用，到外面露营的时候又可以作帐篷灯使用等。

▲ 图 16-13 固定在柜子里当柜灯

16.2　手环、手表系列

在时尚智能单品中，智能手环、手表系列是最受人们喜爱的，因其简单时尚的外表加上便捷智能的功能，让很多智能控者欲罢不能。本节笔者为大家介绍几款智能手环、手表。

16.2.1　三星 GearFit 智能手环

三星 GearFit 智能手环单从外形上看，非常时尚轻巧，如图 16-14 所示。

▲ 图 16-14　三星 GearFit 智能手环

三星 GearFit 智能手环采用了一块弯曲的弧形屏幕，在这个屏幕上我们可以查看其监测的各种健康数据。GearFit 实际上是采用了分体设计，柔性屏幕本体与腕带可分离，如图 16-15 所示。

▲ 图 16-15　GearFit 采用分体设计

柔性屏幕为 OLED 材质，将 GearFit 佩戴在手腕上，机身背部的心率传感器就会贴到皮肤上，从而可以实现心率监测。下面介绍一下 GearFit 的几大特点。

1. 防水

GearFit 的防水等级足以让人们在淋浴的时候佩戴，这种功能可方便人们在淋浴时依然可以不错过任何信息。

2. 轻微振动

GearFit 的振动设置非常微妙，在振动时会让人察觉到，但是不会给人一种突如其来的感觉。

3. 清晰显示屏

GearFit 的曲面 AMOLED 屏幕非常明亮清晰，当人们佩戴时，就像是 Galaxy S5 的一小片屏幕嫁接到手腕上。

4. 使用简便

三星选择了一些大图标和许多不同的 UI 主题，这些图标和主题都非常清晰，易于人们用手指头操作，且所有的功能通过菜单结构都很容易访问，并没有过多依赖于子类别。

16.2.2 Moto 360 智能手表

摩托罗拉 Moto 360 是一款搭载了谷歌 Android Wear 平台的智能手表，手表外形设计非常抢眼，特别是精致的金属圆形表盘，更接近于传统手表，打破了自三星 Gear 智能手表以来四边形的格局，如图 16-16 所示。

▲ 图 16-16　Moto 360 智能手表

Moto 360 智能手表的特点和功能如下。

1. 表带和表身

Moto 360 精细打磨的金属表身隐隐透着一种冷艳的气质，令人爱不释手。表带可以更换，目前有金属和皮革两种材质可选。

2. 圆形的屏幕

Moto 360 使用了 1.8 英寸的圆形屏幕，从目前的资料上看，其显示效果也很不错；同时，Moto 360 可以佩戴在左手或右手上，系统具备屏幕自动旋转机制，能够判断用户的佩戴位置，所以对于左右撇子都毫无障碍。

3. 支持 Android 设备

Moto 360 仅能支持 Android 智能设备，这是因为 Android Wear 是谷歌整个移动系统生态中的重要一员。另外，由于 Android Wear 需要在通知监听 API 环境下工作，因此只有 Android 4.3 及以上版本才能兼容。

4. 无线充电

Moto 360 使用了无线充电形式，所以表身上没有 USB 接口。而对于电池的寿命，摩托罗拉声称 Moto 360 的工作形式是“优先考虑电池寿命”，所以应该能满足人们的需求。

5. 时间显示

Moto 360 的一个特色就是它像普通手表一样，会一直显示时间，而不是需要按下按键屏幕才会点亮。

16.2.3 乐心 BonBon 运动手环

乐心 BonBon 运动手环拥有漂亮的外表，圆圆的表盘配合纤细的牛皮带有种时尚复古的气质，如图 16-17 所示。

▲ 图 16-17 乐心 BonBon 手环

乐心的 BonBon 是目前第一款与微信合作的智能穿戴设备。在规格上，BonBon 采用了蓝牙 4.0 连接方案，由于采用了纽扣电池设计，因此换一次电池后能拥有 3 个月的使用期限；而且 BonBon 的穿戴方式非常独特，可以戴在头发上、脖子上、手腕上或者鞋子上，如图 16-18 所示。

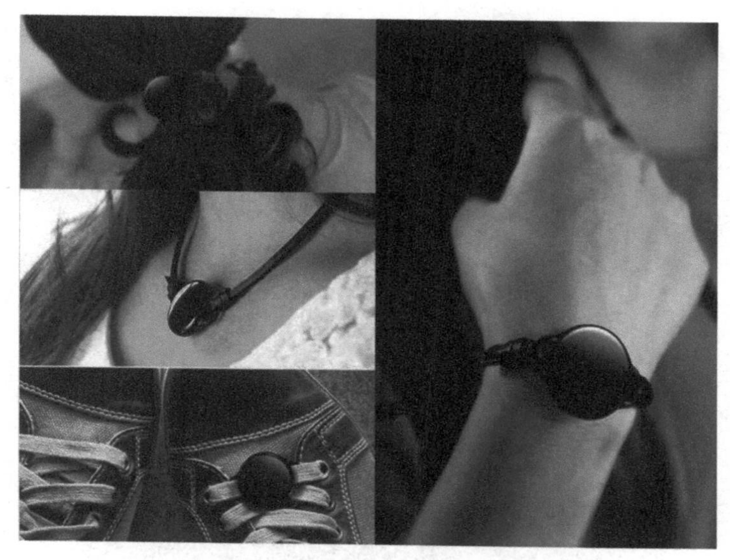

▲ 图 16-18　BonBon 运动手环可随意佩戴

每一支乐心 BonBon 运动手环都拥有自己的二维码，因此只要在微信上扫一扫就能使用。它可以自动同步微信，分享步数、卡路里消耗、运动距离等运动数据，还能在微信中自动生成排行榜，如图 16-19 所示。

▲ 图 16-19　乐心 BonBon 运动手环与微信同步

16.2.4　LG G Watch R 智能手表

LG G Watch R 智能手表也是圆形的表盘，如图 16-20 所示。LG G Watch R 智能手表的屏幕大小为 1.3 英寸，分辨率比 moto360 高。

▲ 图 16-20　LG G Watch R 智能手表

与普通手表一样，G Watch R 的表冠部分也设计了一个旋钮。用户可以通过旋转来调节屏幕亮度、触摸唤醒和休眠手表的功能，长按则进入设置菜单；如果按的时间再长一些，则可以重启设备。

另外，G Watch R 还具备语音识别功能以及心率传感功能。和其他智能手表一样，G Watch R 手表中安装了心率传感器，因此能够监测用户的心率数据，同时还能将监测到的心率数据同步到手机上的 LG 健康应用中。

16.2.5　索尼 Smart Watch 2 智能手表

索尼 Smart Watch 2 智能手表从外观上看，做工非常好。手表一共分为两款，一款是金属表带的，另一款则是硅胶表带的，如图 16-21 所示。

▲ 图 16-21 索尼 Smart Watch 2 智能手表

Smart Watch 2 最大的优势就是它的兼容性，目前索尼智能手表可以兼容大部分 Android 手机。只要你的智能手机安装的是 2011 年底发布的 Android 4.0 系统或更高版本，Smart Watch 2 就可以与之兼容。唯一的缺陷是 Smart Watch 2 不兼容 iPhone 系统版本。

用户如何设置 Smart Watch 2，并下载应用？在 Smart Watch 2 里头有一块 NFC 芯片，只要用户的手机支持 NFC 功能，就只需把智能手表的背面贴近手机的背面，根据提示操作下载即可，如图 16-22 所示。

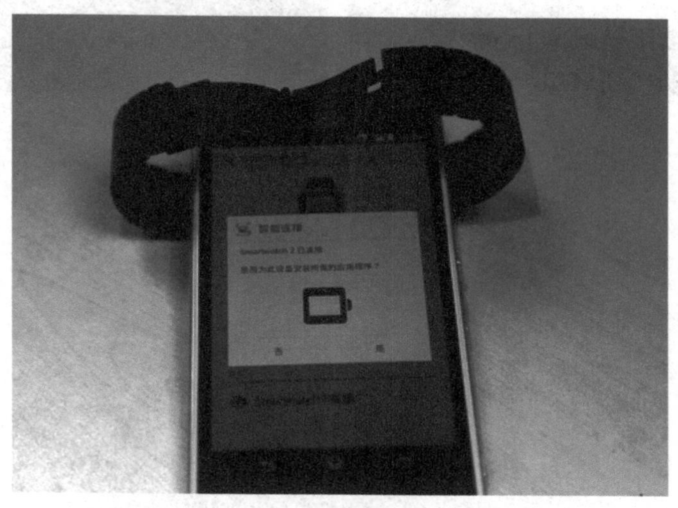

▲ 图 16-22 智能手表的背面贴近手机的背面下载应用

在应用拓展方面，Smart Watch 2 具备听歌、设置闹铃和手电功能；还能来电提醒、接收短信；并且可以同步手机相机来遥控手机拍照，如图 16-23 所示。除此之外，还有 IP57 等级的防水功能、计时功能、寻找手机功能以及拼图游戏功能。

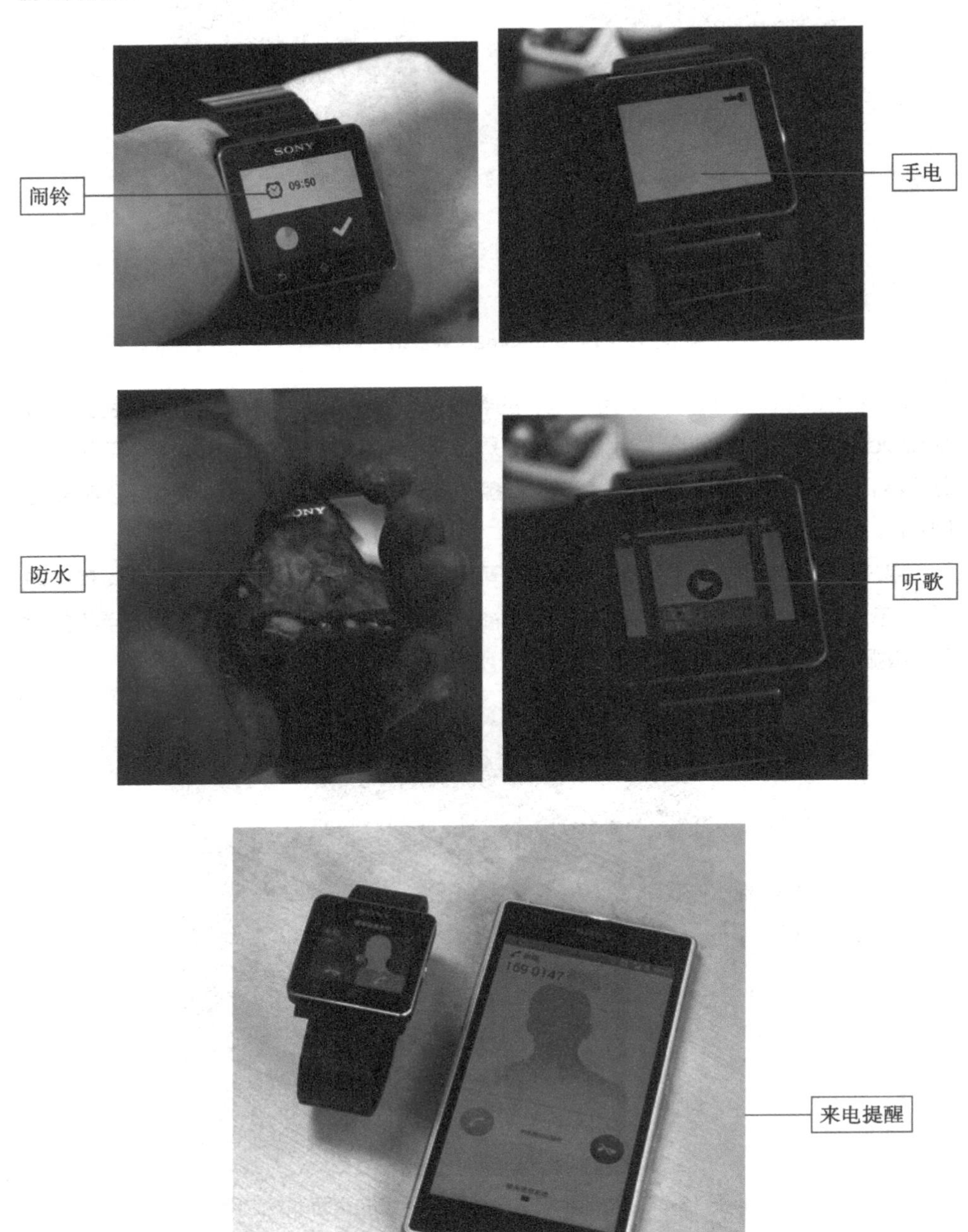

▲ 图 16-23　Smart Watch 2 的应用拓展

16.2.6 咕咚 HB-B021 智能手环

咕咚 HB-B021 智能手环结合人体工学，采用了极简主义的设计风格，如图 16-24 所示。

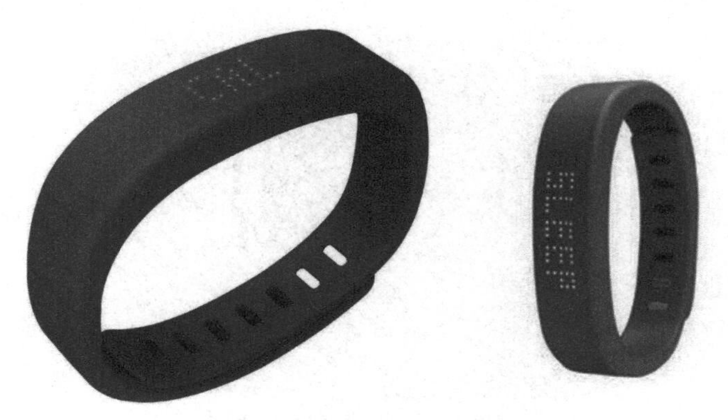

▲ 图 16-24 咕咚 HB-B021 智能手环

咕咚 HB-B021 智能手环搭载了 95 颗高亮 LED 灯阵屏，绑定咕咚微信服务号后，用户就可以通过佩戴在手腕上的 HB-B021 手环实时了解自己的日常活动，包括运动步数、距离以及卡路里燃烧等。

除此之外，咕咚 HB-B021 智能手环还能在用户睡眠时监测其睡眠质量；同时用户还可以设置闹铃，让手环在最适合的时刻轻柔震动唤醒自己。

16.3 小米智能单品分享

小米智能家居是围绕小米手机、小米电视、小米路由器 3 大核心产品，由小米生态链企业的智能硬件产品组成一套完整的闭环体验。

目前已构成智能家居网络中心小米路由器、家庭安防中心小蚁智能摄像机、影视娱乐中心小米盒子等产品矩阵，轻松实现智能设备互联，提供智能家居真实落地、简单操作、无限互联的应用体验。

另外，小米智能家居极具竞争力的价格也将其塑造为大众“买得起的第一个智能家居”。

小米智能家庭 APP，统一设备连接入口，实现多设备互联互通，并可实现家庭组多人分享管理。

同时，集成设备商店，打通与用户连接购买通路。深度集成到 MIUI 系统，锁屏界面集成设备控制中心，简化操作流程，方便用户一键快连使用，亿级 MIUI 用户可直接购买、使用小米智能硬件设备。

16.3.1 小蚁智能摄像机

小蚁智能摄像机被誉为“小米智能家居安防中心”，由小米生态链企业小蚁科技生产制造，如图 16-25 所示。

▲ 图 16-25 小蚁智能摄像机

小蚁智能摄像机拥有诸多卓越特性：远程语音双向通话；720P 高清分辨率，111° 广角，4 倍变焦；能看能听能说，手机远程观看。

16.3.2 小米盒子及 mini 版

小米盒子现有小米盒子增强版和小米盒子 mini 版。

小米盒子增强版支持 4K 超高清，分辨率为 3840×2160 像素，清晰度是 1080P 的 4 倍。通过 HDMI 线将 4K 电视与小米盒子增强版连接，即可播放本地或网络的 4K 超高清电影，如图 16-26 所示。

小米盒子 mini 版是全球最小的全高清网络机顶盒。采用电源直插，仅占一个插线孔，只需连接一根 HDMI 线就可使用。高清大片、热播电视剧、最新综艺、动漫、体育赛事、经典纪录片轻松观看，如图 16-27 所示。

▲ 图 16-26 小米盒子增强版

▲ 图 16-27 小米盒子 mini 版

16.3.3 小米智能插座

小米智能插座号称最小的 3C 智能插座，由小米生态链创米科技生产制造。经过 3C 认证的智能插座，支持手机远程遥控。自带 5V/1A USB 接口，可为手机充电，如图 16-28 所示。

▲ 图 16-28 小米智能插座

16.3.4 小米空气净化器

小米空气净化器由小米生态链智米科技生产制造。

小米空气净化器是高性能的双风机智能空气净化器，净化能力高达 406 立方米 / 小时，净化面积可达 48 平方米。通过手机 APP 可实现远程高速净化、睡眠、智能自动模式，如图 16-29 所示。

▲ 图 16-29 小米空气净化器

16.3.5 Yeelight 智能灯泡和床头灯

Yeelight 智能灯泡系列产品是由小米生态链青岛亿联客信息技术有限公司（Yeelink）设计制造的智能情景照明产品。Yeelight 智能灯泡是小米路由器专属配件，能变 1600 万种颜色，使用全球知名制造商科锐 CREE®LED 白光灯珠，如图 16-30 所示。

▲ 图 16-30　Yeelight 智能灯泡

Yeelight 床头灯于 2015 年 6 月 10 日正式推出，也能变 1600 万种颜色，使用德国欧司朗 Osram 灯珠，支持触摸式操作，如图 16-31 所示。

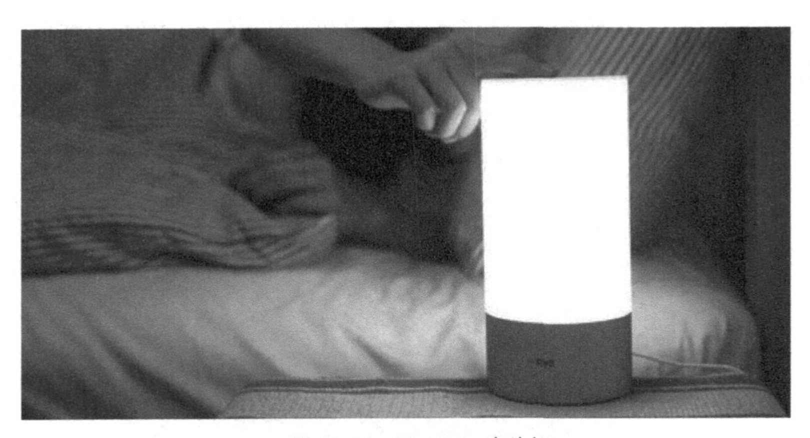

▲ 图 16-31　Yeelight 床头灯